Schriftenreihe Geschichte der Naturwissenschaften und der Technik
Johannes Kepler Universität Linz

Band 52

Nikola Tesla (1856–1943)

Sein Beitrag zu Elektrotechnik und Funktechnik

Franz Pichler

,

Kommissionsverlag:
TRAUNER Verlag + Buchservice GmbH
Köglstrasse 14, 4020 Linz, Österreich/Austria

Herstellung:
Paco Medienwerkstatt
Huttengasse 47,1160 Wien

ISBN 978-3-99151-955-3

Franz Pichler

Nikola Tesla (1856–1943)

Sein Beitrag zu Elektrotechnik und Funktechnik

Universitätsverlag Rudolf Trauner

IV

Schriftenreihe Geschichte der Naturwissenschaften und der Technik
Johannes Kepler Universität Linz

Herausgeber der Schriftenreihe

em. Univ. Prof. Ing. Dr. phil. Franz Pichler
c/o Systemtheorie
Technisch-Naturwissenschaftliche Fakultät
Johannes Kepler Universität Linz

Redaktion

Prof. Ing. Dr. Franz Pichler
c/o Systemtheorie
Johannes Kepler Universität Linz
A-4040 Linz

Band 52: Nikola Tesla (1856–1943)

Sein Beitrag zu Elektrotechnik und Funktechnik

Nikola Tesla im Inneren eines kegelförmigen Tesla Transformators (1896)

Vorwort

Zu Nikola Tesla sind in der Vergangenheit zahlreiche Bücher erschienen, da vor allem Biographien. In dieser Schrift geht es hauptsächlich um die Darstellung seiner wichtigen Beiträge zur Entwicklung der Elektrotechnik und der Funktechnik. Davon können allerdings hier nur die wichtigsten Erfindungen angesprochen werden. Diese betreffen die Erfindung des Wechselstrommotors und die Erfindung der Erzeugung elektromagnetischer Wellen mittels eines eisenlosen Transformators (Tesla Transformator). Zeitlich fallen diese Erfindungen in die erste Hälfte seines Lebens. Die von Tesla in der zweiten Lebenshälfte verfolgten oft spekulativen Projekte, die bis heute vielfach noch diskutiert werden, sind nicht Gegenstand dieser Schrift.

Von den bereits erschienenen Büchern, die eine zu dieser Schrift ähnliche Zielsetzung haben, müssen vor allem die Werke von Bokŝan, Marincic und Cawthorne genannt werden. Da unsere Darstellung sehr kurz gehalten ist, muss der Leser für genauere Studien auf diese verwiesen werden.

Einen nicht unwesentlichen Teil dieser Schrift stellen die beiden angeschlossenen Anhänge dar. In Anhang A wird versucht, wichtige wissenschaftliche und technische Entwicklungen aus dem Umfeld der Erfindungen von Tesla, die in den gleichen Zeitraum fallen, zu beleuchten. Damit sollte die Bedeutung von Nikola Tesla besser eingeschätzt werden können. Anhang B befasst sich mit der Anwendung der „Tesla Ströme“ in der Medizin, mit der Beachtung der Arbeiten von Tesla im Physikunterricht an den Höheren Schulen und Universitäten sowie mit der musealen Aufgabe, die Kenntnis des Werkes von Tesla für die Zukunft zu erhalten.

Erneut gehört mein Dank dem Verlag Trauner und seinen Mitarbeitern für die gute Zusammenarbeit, die auch bei diesem abschließenden Alterswerk geschehen ist.

Puchenau im Jänner 2026 — Franz Pichler

Inhalt

1 Einführung

Nikola Tesla gehört ohne Zweifel zu den wichtigsten Erfindern der Elektrotechnik (Starkstromtechnik). und der Funktechnik (Drahtlose Telegraphie). Seine Werke trugen wesentlich dazu bei, um für diese gerade aus der Physik entstandenen Gebiete neue technische Anwendungen zu ermöglichen. Seine Erfindungen sind in ihrer Bedeutung vergleichbar mit denen von Thomas Alva Edison oder Guglielmo Marconi. In der Arbeitsweise war Tesla im Vergleich zu diesen, die beide keine höhere wissenschaftlich-technische Ausbildung erhalten haben, jedoch sehr verschieden. Tesla kann diesbezüglich eher mit Technikern wie Werner von Siemens oder Charles Proteus Steinmetz verglichen werden, die ebenfalls ihre wissenschaftlich-technischen Kenntnisse erfolgreich für ihre Tätigkeit als Erfinder einsetzen konnten. Seine berufliche Karriere verlief aber im Vergleich zu den vier genannten Erfindern und Technikern gänzlich verschieden. Während Edison und Marconi ihre Erfindungen durch die Gründung von Firmen selbst zu Erfolg führten, Werner von Siemens neben seinen Erfindungen und wissenschaftlichen und technischen Arbeiten ein Firmenimperium aufbaute und Charles Proteus Steinmetz erfolgreicher Leiter eines Forschungslabors bei General Electric, Hochschullehrer und Verfasser zahlreicher Lehrbücher war, blieb Nikola Tesla zeitlebens ein auf sich selbst gestellter Erfinder mit eigenem Privatlaboratorium und war stets von den Geldmitteln, die er von Geldgebern, die seine Patente praktisch verwenden konnten oder die Risikokapital für seine Forschungs- und Entwicklungsprojekte zur Verfügung stellten, abhängig. Als diese Geldquellen ausblieben führte dies zu seinem finanziellen Absturz und schließlich in der Folge in seinen letzten Lebensjahren auch zu seiner Verarmung. In den für Tesla dadurch schwierigen Jahren befasste er sich mit eher als spekulativ einzustufenden Dingen, die hauptsächlich vom bekannten Publizisten Hugo Gernsback in seinen zur Science Fiction Literatur gehörigen Schriften veröffentlicht wurden. Dies schadet bis heute dem Ruf von Nikola Tesla als Wissenschaftler und Erfinder, da damit bis heute seine bedeutenden Leistungen auf dem Gebiet der Wechselstromtechnik und der Drahtlosen Telegraphie oft nicht gebührend beachtet werden.

In dieser Arbeit sollen nur seine Erfindungen zur Starkstromtechnik, hier besonders sein Beitrag zum Wechselstrom Induktionsmotor, und seine Erfindungen in der Hochfrequenztechnik (Tesla Transformator) behandelt werden. Einleitend dazu soll genauer auf die Ausbildung, die Nikola Tesla an der Technischen Hochschule Graz in den Jahren 1875 bis 1878 während seines dortigen Studiums erhalten hat, eingegangen werden. Dabei soll die Vorlesung von Prof. Pöschl über „Technische Physik", die Tesla im Studienjahr 1875/76 mit Erfolg besucht hat, näher betrachtet werden. Damit kann demonstriert werden, dass Tesla eine für die damalige Zeit moderne auf den Grundlagen der Physik stehende Ausbildung im Gebiet der Technik erhalten hat und dass er keinesfalls, was seine wissenschaftlich-technischen Kenntnisse betrifft, nicht genügend gebildet war.

Zum Leben und zum Werk von Nikola Tesla gibt es zahlreiche Bücher. Dazu kann auf die am Schluss dieser Schrift angegebenen Werke von S. Bokŝan, John J. O´Neill, Thomas Commerford Martin, Inez Hunt and Wanetta W. Draper und Margaret Cheney hingewiesen werden. An neueren Werken, in denen auch auf die technischen Probleme näher eingegangen wird, können die Bücher von Nigel Cawthorne und Aleksandar Marincic genannt werden. Nikola Tesla selbst hat in seiner Autobiography „My Inventions" über sein Leben und seine Erfindungen berichtet. Neben diesen Schriften sind besonders die vom Tesla Museum in Belgrad herausgegebenen Werke anzuführen. Da in dieser Schrift versucht wird in aller Kürze die wichtigsten Ergebnisse, die Tesla mit seiner Arbeit erreicht hat, darzustellen, muss für ein genaueres Studium auf diese Werke verwiesen werden.

2 Jugendjahre

Nikola Tesla wurde am 9. Juli 1856 in dem kleinen Ort Smiljan in der damaligen Grenzprovinz Lika der österreichisch-ungarischen Monarchie als Sohn des griechisch-orthodoxen Pfarrers Milutin Tesla und seiner Ehefrau Djouka, beide serbischer Abstammung, geboren. Nach der Übersiedlung der Familie nach Gospic absolvierte er dort die Volksschule. Im Alter von fünfzehn Jahren kam Nikola Tesla an das Realgymnasium in Radovac in der Nähe von Karlovac (Karlsstadt) gelegen. Dieses Gymnasium, in dem die Unterrichtssprache Deutsch war, hatte eine technische Ausrichtung sodass die Fächer Mathematik, Physik und Chemie besonders betont wurden. Nikola Tesla fand in Karlovac bei seiner Tante und deren Mann Carlo Brancovic, ein pensioniertet Leutnant des österreichisch-ungarischen Militärs, Unterkunft. Er beendete diese Schule nach drei Jahren. Gesundheitliche Probleme zwangen ihn zu einem längeren Erholungsaufenthalt bei Verwandten in Lika. Schließlich willigte sein Vater ein, dass Nikola ein Ingenieur-Studium an der Technischen Hochschule Graz beginnen konnte.

Realgymnasium in Karlovac

3 Studium in Graz

Im Alter von neunzehn Jahren kam Tesla nach Graz, um sich dort an der k.k. Technischen Hochschule für den Beruf als Ingenieur vorzubereiten, wobei er als Schwerpunkt das Fach „Maschinenbau“ wählte. Die vorgeschriebene Studienzeit dafür war damals mit vier Jahren festgesetzt. Wie von Tesla selbst in seiner Schrift *My Inventions* erzählt wird, nahm er das Studium im ersten Studienjahr äußerst ernst. Er studierte jeden Tag, das Wochenende eingeschlossen, von sieben Uhr früh bis elf Uhr abends und legte Prüfungen – alle mit der besten Note "vorzüglich"- über elf verschiedene Vorlesungen mit insgesamt 46 Stunden ab. Dies war zweifellos die doppelte Leistung eines "normalen" Studenten. Das in Tabelle 1 gezeigte Resultat des ersten Studienjahres 1875/76 ist beeindruckend.

Vorlesung	Std	Professor	Note
Mathematik I	7	Rogner	vorzüglich
Mathematik II	7	Allè	vorzüglich
Experimental-physik	5	Pöschl	vorzüglich
Organische Chemie	5	Maly	vorzüglich
Anorganische Chemie	5	Maly	vorzüglich
Zoologie	5	Graber	vorzüglich
Allgemeine Botanik samt Demon-stration	3	Leitgeb	vorzüglich
Populäre Maschinen-lehre	2	Bartl	vorzüglich
Französische Sprache	3	Plisnier	vorzüglich
Cubatur der Flächen	2	Rogner	vorzüglich
Politische Arithmetik	2	Rogner	vorzüglich

Tabelle 1: Von N. Tesla 1875/76 absolvierte Vorlesungen an der k.k. Technischen Hochschule

Von den Professoren schätzte er besonders die Mathematiker Rogner, Allè und den Physiker Pöschl. Dr. Moriz Allè, k.k. öffentlicher ordentlicher Professor für Höhere Mathematik, nahm besonderen Anteil an dem Studium Teslas und mit ihm diskutierte er auch seine ersten Ideen für eine "fliegende Maschine". Bei Jakob Pöschl, einem Tiroler aus der Gegend von Niederndorf bei Kufstein stammend – also ein richtiger Österreicher und keineswegs ein "German", wie dies einmal Tesla anführte – besuchte Tesla im Studienjahr 1875/76 die Vorlesung "Experimentalphysik" und er bewunderte dessen Geschicklichkeit bei der Durchführung von Experimenten – obwohl er nach Teslas Beschreibung Hände hatte, die den Tatzen eines Bären ähnlich waren.

Auch das zweite Studienjahr 1876/77 in Graz ging Tesla mit Elan an. Er schrieb sich wieder für elf Vorlesungen ein. Von diesen schloss er aber nur fünf ab (siehe Tabelle 2). Bei allen übrigen legte er keine Prüfung ab, bei zwei davon (Sprachen) bekam er vom Dozenten – wie die Tabelle zeigt – auch keine Abtestur, das heißt, er hat die Vorlesung nicht besucht.

Vorlesung	Std	Professor	Note
Mathematik III	6	Allè	vorzüglich
Technische Mechanik	5	Stark	vorzüglich
Analytische Mechanik	2	Stark	nicht gemel-det
Technische Physik	3	Pöschl	vorzüglich
Mineralogie	3	Rumpf	–
Elemente der Wellentheorie	2	Pöschl	–
Theorie der Kegelschnitte	2	Pelz	–
Französische Sprache II	2	–	–
Englische Sprache	4	–	–
Über Congruenzen der Zahlen	2	Rogner	gut
Über ausgewählte Probleme der polititschen Arithmetik	2	Rogner	gut

Tabelle 2: Vorlesungen von N. Tesla an der k.k. Technischen Hochschule Graz im zweiten Studienjahr 1876/77

Obwohl das von Tesla im Jahr 1876/77 erreichte Resultat durchaus als akzeptabel für einen guten Studienfortgang gelten kann, stellt sich die Frage, warum Tesla nicht mit gleichem Eifer wie im 1. Studienjahr auch das 2. Studienjahr absolviert hat. Wir werden dieser Frage später genau nachgehen und auch die Tatsache seines Studienabbruches im 3. Studienjahr 1877/78 erörtern.

Die Vorlesung zu „Technische Physik“ von Professor Pöschl

Bevor noch über das weitere Studium von Nikola Tesla berichtet wird, soll noch eine Lehrveranstaltung, die Nikola Tesla im Jahre 1876/77 besucht hat und mit der Note "vorzüglich" abgeschlossen hat, genauer betrachtet werden. Es ist dies die Vorlesung über "Technische Physik", gehalten von Professor Jakob Pöschl. Für diese Vorlesung hat sich eine Ausarbeitung von Josef Schaschl erhalten (allerdings angefertigt zur Vorlesung des Jahres 1878/79, wir können aber annehmen, dass die Vorlesung vom Jahre 1877/78, die Tesla besuchte, ähnlich aufgebaut war).

In der ersten Vorlesungsstunde definiert Pöschl "Technische Physik" wie folgt:

"Die technische Physik ist keine abgeschlossene für sich allein bestehende Wissenschaft, sondern lehrt die Anwendung der allgemeinen Physik in der Praxis".

Als Themen zu seiner Vorlesung nennt Pöschl:

Angewandte Elektrizitätslehre,
Angewandte Wärmelehre
Angewandte Optik.

Im Rahmen des Kapitels über „Angewandte Elektrizitätslehre" (243 Seiten) behandelt die Vorlesung von Pöschl die Themen:

Elektrische Telegraphie
Elektrische Uhren
Elektromagnetische Motore
Galvanoplastik
Konstruktion der Blitzableiter
Zündmethoden zur Minensprengung unter Wasser

Die "Angewandte Wärmelehre" (87 Seiten) befasst sich mit folgenden Themen:

Brennmaterialienlehre
Bewegung der Gase in Röhren
Theorie der Essen und Schornsteine
Gebläse und Ventilatoren
Herde und Feuerungen,
Gasgeneratoren
Bewegung der Wärme, Emission und Transmission
Dampfkessel und Dampfgeneratoren
Trocken- und Abdampfungsapparate
Erwärmung und Ventilation der Wohnungen

Die Mitschrift von Josef Schaschl beweist den hohen wissenschaftlich-technischen Stand der Vorlesung von Jakob Pöschl. Neben den grundlegenden Ausführungen zur Elektrizitätslehre (Galvanische Elemente, Elektrische Meßmethoden etc.) werden die Elektrische Telegraphie (Nadeltelegraph, Morsetelegraph) und magnetelektrische Maschinen (Gramme-Maschine) und spezielle und für die damalige Zeit äußerst aktuelle technische Entwicklungen wie das Atlantik-Kabel, der chemische Telegraph von Bakewell, der Pantelegraf, beide zur Übertragung von schriftlichen Dokumenten und Zeichnungen, und das damals gerade erst erfundene Telefon von Graham Bell, behandelt.

Nikola Tesla hat in seiner Autobiographie besonders die Experimente mit der Gramme-Maschine erwähnt. Bei dieser magnetelektrischen Maschine wird durch den Kommutator die in den Wicklungen des Ringankers durch Induktion erzeugte elektrische Spannung zu pulsierenden Gleichstrom gewandelt, ein Umstand den Tesla schon in seiner Studienzeit als nicht notwendig erkannte.

Nikola Tesla hat mit der Vorlesung über "Technische Physik" bei Jakob Pöschl ohne Zweifel eine ausgezeichnete Ausbildung in Angewandter Elektrizitätslehre erhalten, die ihm für seine späteren wichtigen Pionierarbeiten und Erfindungen sicherlich nützlich waren.

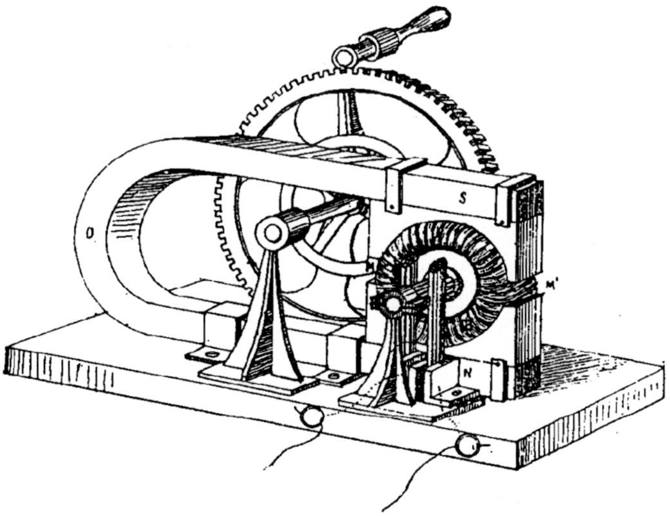

Magnetelekrische Maschine nach Gramme, aus dem Skriptum von Schaschl.

Im dritten Studienjahr 1877/78 (für das gesamte Studium waren, wie schon erwähnt damals vier Jahre vorgeschrieben) belegte Tesla folgende in Tabelle 3 angegebenen Gegenstände.

Vorlesung	
Angewandte Mathematik	Bei den Professoren nicht gemeldet; Wegen Nichteinzahlung des Unterrichts-geldes für das 1. Semester 1877/78 gestrichen
Mathematik III B	
Determinanten Theorie	
Theorie der Kegelschnitte	
Analytische Mechanik	
Allgemeine Theoretische Maschinenlehre	
Spezielle Theoretische Maschinenlehre	
Physikalische Geographie	
Französische Sprache II B	
Englische Sprache	

Tabelle 3: Vorlesungen von N. Tesla an der k.k. Technischen Hochschule Graz im dritten Studienjahr 1877/78

Auf dem Registrations-Blatt des Studenten "Tesla Nikola(us)" der k.k. Technischen Hochschule Graz steht für das Jahr 1877/78 bei den belegten Vorlesungen in der Rubrik Bestätigung durch den Dozenten „bei den Professoren nicht gemeldet" und weiters „Wegen Nichteinzahlung des Unterrichtsgeldes für das I. Semester 1877/78 gestrichen."

Wir nehmen an, dass Tesla im 1. Studienjahr 1875/76 das erforderliche Geld für das Studium von seinen Eltern erhalten hat und sein Vater auf Grund des ausgezeichneten Studienerfolges bei der Militärbehörde in Agram (dem heutigen Zagreb) ein Stipendium durchsetzen konnte. Tesla müsste also das erforderliche Geld für das 2. und auch für das 3.Studienjahr erhalten haben.

Warum ging Tesla im Wintersemester 1877/78 nicht in die Vorlesungen, und warum hat er das erforderliche Studiengeld (einen verhältnismäßig geringen Betrag) nicht bezahlt?

Wir können dafür nur folgende Vermutungen aufstellen: Es gilt als sicher, dass Tesla in Graz wahrscheinlich schon vom 2. Studienjahr 1876/77 an von einer Spielleidenschaft (Kartenspiele, Billard, Schach) ergriffen wurde. In der Folge kann man vermuten, dass Tesla sein Stipendium verspielt hat und nicht mehr in der Lage war, die Studiengebühren zu bezahlen.

Wenn Biographien, wie bei Margaret Cheney (*Tesla: Man Out Of Time*) feststellen "But now Tesla's money had run out. He tried in vain to borrow and when this failed, he began to gamble", so entsteht der Eindruck, als ob Tesla zu spielen begonnen hätte, um sein Studiengeld zu „verdienen". Dieser Meinung können wir uns nach dem Studium von Briefen zwischen der Militärbehörde in Agram und dem Rektorat der Technischen Hochschule Graz nicht anschließen.

Das Rektorat teilte mit Brief vom 12. März 1878 der Militärbehörde in Agram mit, dass Tesla wegen Nichtzahlung des Unterrichtshonorars aus dem Katalog der Technischen Hochschule Graz gestrichen wurde. Postwendend fragte die Militärbehörde Agram mit Brief vom 31. März 1878 an, bis zu welchem Zeitpunkt der Stipendiat Nikolaus Tesla das Stipendium in Graz bezogen hat, ob Tesla krank dort im Spital liege – wie sein Vater behauptet – und wo sich Tesla derzeit befinde. In der Antwort des Rektorats Graz vom 15.4.1878 wurde der Militärbehörde Agram mitgeteilt, dass das Stipendium an Tesla bis zum Jänner 1878 an ihn ausbezahlt wurde, dass er in Graz nie einen Spitalsaufenthalt hatte und er sich noch in Graz aufhalte.

Mit Brief vom 4. Mai 1878 teilt die k.k. Militärbehörde in Agram dem Rektorat in Graz mit, dass auf Grund dieser Umstände die weitere Auszahlung des Stipendiums einzustellen sei und man dies Nikola Tesla, soferne er noch in Graz anzutreffen sei, mitteilen möge.

Damit war der Aufenthalt von Tesla in Graz offenbar beendet. Tesla kehrte zu seinen Eltern nach Gospic zurück und sein Studium, das in Graz so hoffnungsvoll begonnen hatte, war damit für längere Zeit unterbrochen.

Nikola Tesla in der Zeit seines Studiums in Graz

3 Aufenthalt in Prag, Budapest und Paris

Tesla selbst erzählt in seiner Autobiographie, dass er im Jahre 1880 nach Prag ging, um dort an der Universität gemäß dem Wunsch seines inzwischen verstorbenen Vaters das Studium abzuschließen. Tatsächlich finden wir Nikola Tesla im Sommersemester 1880 im Katalog der k.k. Universität zu Prag eingetragen. Er besuchte Vorlesungen aus Mathematik, Physik und Philosophie. Tabelle 4 gibt diese und die zugehörigen Dozenten an.

Vorlesung	Std	Professor
Analytische Geometrie des Raumes	2	Durege
Cviceni v experimentalni fysike	2	Domalip
Zahlenlotterie	2	Puchta
Über David Humes "Untersuchung des menschlichen Verstandes"	1	Stumpf

Tabelle 4: Vorlesungen von N. Tesla an der k.k. Universität Prag im Sommersemester 1880

Die Katalogseintragung bestätigt nicht den Besuch der Vorlesungen. Auch nicht, dass Tesla in Prag eine Studiengebühr bezahlt hat. Wir können aber annehmen, dass Tesla die Einrichtungen der k.k. Universität Prag, an der sowohl in deutscher als auch in tschechischer Sprache unterrichtet wurde, mit Vorteil nutzen konnte. Die k.k. Universität Prag gehörte in dieser Zeit sicher zu den besten Universitäten in Europa. Von den Professoren, die im Sommersemester 1880 in Prag lehrten, soll besonders der Physiker Ernst Mach (er ging anschließend nach Graz und später nach Wien) erwähnt werden. Da derzeit keine schriftlichen Aufzeichnungen bekannt sind, die es erlauben das Studium von Tesla in Prag in mehr Detail kennenzulernen, muss angenommen werden, dass Tesla auch dort keinen Studienabschluss erreichte. Damit war die Zeit von Tesla in Prag und damit auch seine gesamte universitäre wissenschaftliche Ausbildung offensichtlich beendet.

Die nächsten Stationen seines Lebens gehörten der praktischen Arbeit, dies vor allem um seinen Lebensunterhalt bestreiten zu können. Daneben wollte er jedoch noch genug Zeit für eigene Überlegungen zu wissenschaftlich-technischen Aufgaben, die ihn interessierten, haben. Über Vermittlung eines Verwandten führte ihn sein Weg nach Budapest, wo gerade die Einrichtung des Telephons vorbereitet wurde. Unmittelbar war jedoch dort noch keine geeignete Stelle für ihn vorhanden, sodass er zunächst eine Stelle als Elektromechaniker im bereits bestehenden Telegraphenamt annahm. Im Jahre 1881 war es aber soweit: Nikola Tesla erhielt in der Telephonfirma von Tivadar Puskas eine Stelle als Ingenieur und bekam die Aufgabe am Aufbau der neu zu errichtenden Telephonzentrale in Budapest mitarbeiten. Diese Arbeit gefiel ihm, jedoch erlitt er leider im Winter 1881/82 einen gesundheitlichen Rückschlag. Sein „Nervenkostüm" war beschädigt (heute würde man vielleicht von einem „Burn Out" sprechen) und er musste sich krank melden. Nach seiner Gesundung im Frühjahr 1882 nahm er die Arbeit wieder auf, jedoch hatten sich während seines Krankenstandes neue Erkenntnisse für ihn ergeben. Er hatte erkannt, dass ein mehrphasiger Wechselstrom in einem kreisförmig angeordneten System von Elektromagneten, es können zwei, vier oder mehr sein, ein sich drehendes magnetisches Feld erzeugen kann. Dieses übt dann notwendigerweise auf einen Rotor mit radial angebrachten kurzgeschlossenen Spulen mittels Induktion eine drehende mechanische Kraft aus. Das Konzept des Wechselstrommotors, der im Gegensatz zum Gleichstrommotor keinen Kommutator benötigt, war damit geboren. In Tesla reifte damit der Plan diese Erkenntnis in die Praxis umzusetzen und holte sich dafür den Rat von seinem Chef Tivadar Puskas. Dieser hatte bereits in der Zeit seines Aufenthaltes in den USA in Menlo Park bei Edison gearbeitet und war so mit dem Problem vertraut. Puskas teilte ihm mit, dass er ihn eventuell an die in Paris von Edison gegründete „Compagnie Edison Electrique" empfehlen könnte. Dort könnte ihm vielleicht deren Chef Charles Batchelor, ein Engländer der bereits seit dem Jahre 1870 in Dienst des Firmenimperiums von Edison stand, weiterhelfen. Tesla war er davon sehr angetan, da sich vielleicht damit eine Möglichkeit ergeben könnte, seine Ideen zu einem Wechselstrommotor konkret zu verfolgen. Nach erfolgter Zusage gab Tesla seine Stelle in Budapest auf und reiste bereits im Herbst des Jahres 1982 nach Paris und begann bei der französischen Edison Gesellschaft seine Arbeit. Nun hatte er mit Dynamos und Motore zu tun. Da Tesla perfekt die deutsche Sprache beherrschte, bekam er eine spezielle und dringliche Aufgabe in Straßburg zugeteilt. Es sollte eine von der „Compagnie Edison Electrique“ am Straßburger Hauptbahnhof installierte Lichtanlage repariert werden. Diese Aufgabe erledigt er zuverlässig. Leider gab es aber nach seiner Rückkehr in Paris Unstimmigkeiten bei der vereinbarten Bezahlung, die nicht gelöst werden konnten. Nach einer Rücksprache bei seinem Proponenten Charles Batchelor, der offenbar das Talent von Tesla erkannt hatte, schlug ihm dieser vor, dass es für ihn sicher besser wäre, Paris zu verlassen und direkt zu Edison in die USA zu gehen. Im Sommer 1884, ausgerüstet mit einem Empfehlungsschreiben von Charles Batchelor, fasste Nikola Tesla den Entschluss nach den USA auszuwandern, nicht zuletzt um vielleicht dort für sein Projekt eines Wechselstrommotors, zu dem er bereits in der Zwischenzeit eine erste Form eines Prototyps angefertigt hatte, Unterstützung zu erhalten.

5 Als Erfinder in den USA

Bereits zwei Tage nach seiner Ankunft in den USA am 8. Juni 1884 begann Tesla bei der „Edison Machine Works“ seine Zusammenarbeit mit Edison. Nach zwei Jahren kam es aber zu einem Bruch, da Edison Tesla die zugesagte Vergütung für die Ausarbeitung eines Patentes für eine Lichtbogenlampe (es ging um den Betrag von 50.000 Dollar) verweigerte.

Nikola Tesla in den ersten Jahren in den USA

Tesla war nun auf sich allein gestellt. Auf Rat von Freunden gründete er die „Tesla Electric Light Company“ und versuchte seine Kenntnisse in dem gerade sehr aktuellen Gebiet der elektrischen Beleuchtung mit Bogenlampen und Glühlampen zusammen mit den dafür notwendigen Dynamos einzusetzen. In diesem Zusammenhang erhielt er auch zu Erfindungen einige Patente. Die Geschäfte gingen aber schlecht und Tesla musste diese Firma bereits im Jahr 1886 wieder aufgeben. Im Winter 1886/87 war Tesla ohne Arbeit und musste sich wohl oder übel als Hilfsarbeiter verdingen. Auch in dieser schwierigen Zeit gehörten seine Gedanken dem von ihm bereits in seiner Zeit in Straßburg entwickeltem Konzept eines Wechselstrommotors dessen Antrieb durch einen mehrphasigen Wechselstrom erfolgte.

Als Resultat entstand eine Anzahl von Patenten zur Konstruktion verschiedener Typen von „Polyphasenmotore“, auf die später noch näher eingegangen wird. Um diese praktisch umsetzen zu können gründete Nikola Tesla im April 1887 zusammen mit Alfred S. Brown, der bei Western Union beschäftigt war, und Charles Peck, einem Rechtsanwalt aus New Jersey, die „The Tesla Electric Company“. Als Startkapital hatten seine Partner den Betrag von 500.000 Dollar durch Kredite bereitgestellt. Diese Mittel wurden zum Bau der verschiedenen in den Patenten beschriebenen Typen von Motore eingesetzt und es wurde versucht diese neuartigen Motore und zugehörige Dynamos allgemein in der Fachwelt bekannt zu machen. Am 1. Mai 1888 hielt Nikola Tesla am American Institute of Electrical Engineers (AIEE) dazu den Vortrag „A New Alternating Current Motor“. Der Siegeszug des von Tesla erfundenen Wechselstrommotors, dem „Mehrphasen Induktionsmotor” hatte damit begonnen.

Induktionsmotor von Tesla

6 Wechselstrompatente für Westinghouse

George Westinghouse (1846-1914) war Nachkomme von russischen aristokratischen Einwanderern. Bereits sein Vater, der einen Schlosserei-Betrieb in Schenectady, N.Y. hatte, war als Erfinder erfolgreich und besaß Patente für Landmaschinen. Nach der Teilnahme am amerikanischen Bürgerkrieg trat George Westinghouse in Schenectady in das Union College ein, das er jedoch ohne Abschluss bereits im Jahre 1865 wieder verließ. Seine inzwischen aufgenommene Tätigkeit als Erfinder wurde ab dem Jahre 1869 mit der Erfindung der Luftdruck-Bremse für Eisenbahnzüge gekrönt. Bisher waren auf den einzelnen Wagons eigene Bremser notwendig gewesen. Die Erfindung von Westinghouse bedeutete, dass nun nur mehr ein Bremser dafür benötigt wurde. Andere Erfindungen betrafen die elektrische Signaltechnik für Eisenbahnen. Bereits im Jahre 1884 hatte Westinghouse Interesse an der elektrischen Lichttechnik gefunden. Er erkannte sehr früh, dass Wechselstrom gegenüber dem Gleichstrom in der Versorgung einen Vorteil brachte. Als ihm von der Tesla Electric Company dafür die Tesla Patente angeboten wurden, zeigte er Interesse.

Die öffentliche Vorstellung des von Tesla entwickelten Konzeptes des Induktionsmotors hatte bereits wie berichtet im Jahre 1888 in New York an der Columbia Universität mit dem von der AIEE veranstalteten Vortrag begonnen. Die Patente dazu waren jedoch schon früher eingereicht worden. Als erste wesentliche Patente dazu können das Patent *381,968 Electro Magnetic Motor* und das zugehörige Patent *382,280 Electrical Transmission of Power*, beide wurden am 12. Oktober 1886 eingereicht, angesehen werden. Daran folgten bis Mai 1888 ein Dutzend weitere Patente von Tesla, die Wechselstrom- Motore zum Thema hatten. Von diesen sollen die Patente *390,413 System of Electrical Distribution* und Patent *390,414 Dynamo Electric Machine* vom 2. Oktober 1888 besonders erwähnt werden, da damit die zur Übertragung der einzelnen Phasen des Wechselstromes notwendigen Leitungen auf drei reduziert werden konnten. Dieses Paket von Patenten wurde nun Westinghouse zum Kauf angeboten.

Bereits im Jahre 1888 kam es zu einem Vertrag. Westinghouse bezahlte 25.000 Dollar in bar, 50.000 Dollar mittels Wertpapiere und sicherte 2.50 Dollar für jeden von ihm erzeugten Wechselstrom-Motor zu. In der Folge übersiedelte Tesla zu Westinghouse nach Pittsburg und stand dort, um die Produktion und die Anwendung seiner Motore im Auge zu behalten, für zwei Jahre als Konsulent zur Verfügung. Er nahm dafür keine Bezahlung in Anspruch. Westinghouse wurde in der Folge in den USA zu der führenden Firma in der Erzeugung von Wechselstrom-Dynamos und Wechselstrom-Motore sowie von Transformatoren, die für die Verteilung mittels Überland-Leitungen notwendig waren.

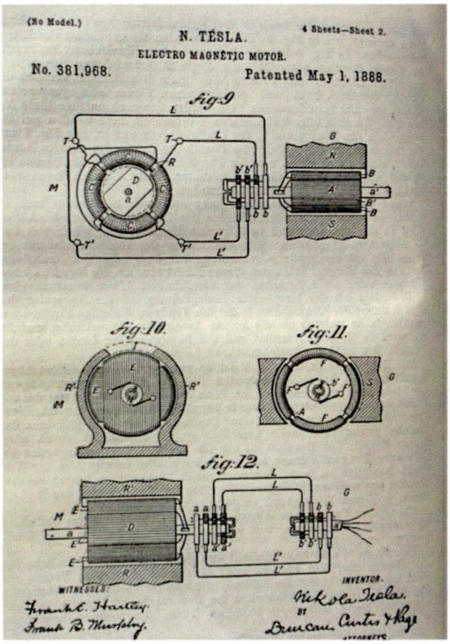

Electro Magnetic Motor

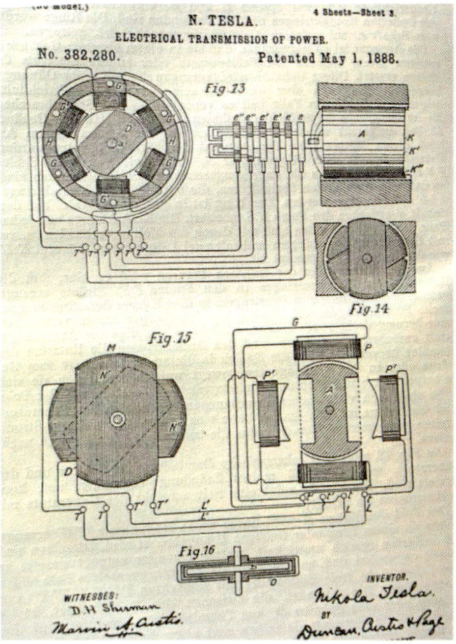

Electrical Transmission of Power

7 Gleichstrom oder Wechselstrom

Die Einführung des Wechselstroms in den amerikanischen Haushalten und in der Industrie war nicht einfach. Diesen Platz hatten schon seit Jahren die von Thomas Alfa Edison bereits eingeführten Gleichstromsysteme in Beschlag genommen. Edison, brühmt durch seine Erfindungen in der elektrischen Telegraphie und des Phonographen, wandte sich, nachdem er im Jahre 1878 die Beleuchtung mit elektrischen Bogenlampen kennengelernt hatte, der Erfindung neuer und besserer elektrischer Beleuchtungsmethoden zu. Die Erfolge ließen nicht lange warten. Bereits zum Neujahrsfest 1879/80 konnte Edison die elektrische Glühlampe mit einem verkohlten Bambusfaden als Glühfaden, die eine Brenndauer von mehr als 150 Stunden hatte, im Rahmen einer improvisierten Ausstellung in seinem Forschungslabor in Menlo Park, New Jersey, vorführen. Sogleich wurden von Edison Schritte zur industriellen Erzeugung von Glühlampen und dem nötigen Zubehör, wie Lampenfassungen, Schalter, Leitungsmaterial sowie auch der dafür nötigen Gleichstrom-Dynamos, unternommen. Bereits im Dezember 1880 gründete er die „Edison Electric Light Company of New York" um im Stadtteil Manhattan von New York in der Pearl Street ein Kraftwerk zur Versorgung der näheren Umgebung mit dem neuen elektrischen Licht zu errichten. Bereits im September des Jahres 1882 konnten damit über ein unterirdisches Kabelnetz 85 Kunden mit insgesamt 800 Lampen damit versorgt werden. Eine Reihe von großen Gleichstrom-Dynamos, die jeweils von einer Dampfmaschine angetrieben wurden, lieferten dafür die notwendige elektrische Energie. In der ersten internationalen Elektrizitätsausstellung, die im Jahre 1881 in Paris stattfand, war die Glühlampe von Edison zusammen mit den riesigen „Jumbo Dynamos", wie diese in der Pearl Street Zentrale eingesetzt wurden, die Sensation.

„Jumbo" Gleichstromdynamo von Edison in Paris, 1881

Mit der Einführung des Wechselstroms, wie diese durch die Firma Westinghouse ab dem Jahre 1888 durchgeführt wurde, war eine neue Architektur im Aufbau des Versorgungsnetzes möglich geworden. Nun konnten die einzelnen Zentralen des Gleichstromnetzes von Edison, die jeweils aus einer Dampfmaschine und einem davon angetriebenen Gleichstrom-Dynamo bestanden, durch eine gemeinsame größere Zentrale, in der ein Wechselstrom-Dynamo in Betrieb war, ersetzt werden. Die Übertragung des elektrischen Stromes von dieser mittels Hochspannung und die Verwendung von Transformatoren zur Erzielung des Wechselstromes mit der gewünschten niedrigen Spannung für den Verbraucher, machte dies möglich. Wenn auch die elektrische Versorgung der Glühlampen und auch die Gleichstrom-Motore mit Wechselstrom weiterhin funktionierte, entstand für die von Edison geführten Firmen mit der Einführung von Wechselstrom dennoch eine starke Konkurrenz, der man zu begegnen hatte. Eine Möglichkeit erschien dafür, dass man versuchte den Wechselstrom als für den Menschen gefährlich einzustufen. Dafür engagierte sich mit Heftigkeit der an der Columbia University in New York am Department für Bergbau tätige Professor Harold P. Brown. Wie berichtet wird, soll Brown, möglicherweise mit Unterstützung von Edison, eine Anzahl von Hunden, zwei Kälber und sogar ein Pferd durch Wechselstrom getötet („westinghoused", wie die lokale Presse berichtete) haben. Dies alles um die

Gefährlichkeit von Wechselstrom zu zeigen. Der Höhepunkt in dieser Richtung war wohl die amtliche Durchsetzung der Hinrichtung des durch ein New Yorker Gericht zum Tode zum Tode verurteilten William Kemmler am 6. August 1890 mittels des elektrischen Stuhls, die mühsam gelang.

Wir wissen, dass am Ende schließlich die Verwendung von Wechselstrom in den amerikanischen Stromnetzen den Vorzug erhielt. Der elektrische Stuhl blieb jedoch als ein Relikt der seinerzeitigen Auseinandersetzung in einigen Bundesstaaten in Verwendung. Die Tatsache, dass in den USA bis heute die Verbraucherspannung nur 110 Volt beträgt, während in Europa allgemein 220 Volt verwendet werden, erinnert ebenfalls an den seinerzeitigen „Kampf“ zwischen Gleichstrom und Wechselstrom.

8 Niagara Kraftwerk

Im Jahre 1893 fand in Chicago zur Feier des 400. Jahrestages der Entdeckung von Amerika durch Kolumbus die Weltausstellung statt. Die Installation der elektrischen Beleuchtung wurde der Firma Westinghouse übergeben. Diese hatte damit die Möglichkeit den inzwischen erreichten Fortschritt im Bereich der Wechselstromtechnik öffentlich zu präsentieren. Auch Nikola Tesla wurde darin einbezogen. Er stellte dafür selbst eine Ausstellung zu seinen Erfindungen zusammen und hielt Vorträge, die zahlreiche Besucher anzogen. Unter diesen war auch der berühmte und international angesehene englische Wissenschaftler Prof. William Thomson (Lord Kelvin), ein eifriger Verfechter der Gleichstromtechnik von Edison, damals zu finden. Mit der Ausstellung in Chicago vom Jahre 1893 wurde die von Westinghouse und Tesla vertretene Wechselstromtechnik international bekannt.

Schon lange hatten sich Investoren für den Bau eines Elektrizitätswerkes an den Niagara Fällen interessiert. Die bisherigen Pläne konzentrierten sich stets auf die Erzeugung von Gleichstrom mittels Dynamos, die von entsprechenden Wasserrädern und Turbinen angetrieben wurden. Da Gleichstrom über elektrische Leitungen nur über kurze Strecken von einigen Kilometer ohne größere Verluste zu einem Verbraucher transportiert werden kann, war damit nur die Versorgung eines kleinen Gebietes in der Nähe der Niagara Fälle möglich. Im Jahre 1890 hatte bereits die „Cataract Construction Company“ unter der Leitung des Präsidenten Edward Dean Adams ein Preisausschreiben für Entwürfe zur Ausnützung der Energie der Niagara Fälle durchgeführt. Für die Beurteilung war die „Internationale Niagara Commission“, der als Präsident Professor William Thomson vorstand, zuständig. Keine der etwa zwanzig dafür eingereichten Pläne fand damals die Zustimmung der Kommission. Mit der inzwischen neu entstandenen Wechselstromtechnik ergaben sich jedoch dafür neue Möglichkeiten sodass die „Cataract Construction Company“ deshalb einen neuen Anlauf nahm und entschied, dass eine hydroelektrische auf Wechselstromtechnik basierte Kraftanlage errichtet werden soll. Auch Professor William Thomson, der seit seinem Besuch der Weltausstellung in Chicago von der Wechselstromtechnik beeindruckt war, unterstützte nun diese Ausrichtung. Mit dieser Ausrichtung stellte sich ein Erfolg ein. Bereits im Jahre 1893 wurden die „Westinghouse Electrical Company“ und die „General Electric Company“, letztere hatte inzwischen die Edison Firmen eingegliedert und verfügte nun auch über die Lizenzen zur Verwendung der Tesla Patente , mit dem Bau der Kraftanlage beauftragt. Westinghouse bekam dabei den Bau des Kraftwerkes am Niagara Fluss zugeteilt, General Electric hatte die Aufgabe das Überland-Leitungsnetz zur Stadt Buffalo zu bauen und die Infrastruktur für die Verbraucher zu errichten.

Bau des Niagara Kraftwerkes

Die Wasserfälle am Niagara Fluss galten immer schon als eines der großen Naturwunder in Amerika. Europa wurde davon hauptsächlich durch die Briefe und Postkarten der Amerika-Auswanderer informiert. Die Wolkenkratzer von Manhattan in New York und die Niagarafälle gehörten stets zum Bild das man sich von Amerika machte. In den ersten Jahren der Besiedlung gehörte der Niagara Fluss und seine Fälle zum Wohngebiet der amerikanischen Indianer. Ein alter Kupferstich zeigt die Fälle umgeben von den damaligen Waldgebieten.

Die Niagarafälle nach einem Kupferstich vom Jahre 1697

Im Jahre 1885 hatte bereits der Staat von New York da Land auf der amerikanischen Seite, zusammen mit dem „Goat Island“, die an der Mitte des Flusses direkt am Fall liegt, gekauft. Schon sehr früh versuchte man, wie bereits vorher angeführt wurde, die Wasserkraft des Niagara zu nutzen. Es entstanden Mühlen und Sägewerke, die über Kanäle das Wasser zum Antrieb von Wasserrädern erhielten. Erst die im Jahre 1890 von der „Cataract Construction Company“ gestartete Planung hatte die Art und Weise wie das Kraftwerk in den Niagara Fluss eingebaut werden sollte, festgelegt. Die dafür notwendige Wassermenge sollte aus dem oberen Flusslauf entnommen und über einen Druckstollen nach unten zu den Turbinen geleitet werden Das von dort abfließende Wasser wurde unterirdisch über einen weiteren Stollen zum Abfluss des Stromes gebracht.

Druckstollen und der Abfluss-Stollen für das Niagara Kraftwerk

Die dafür notwendigen Baumaßnahmen waren gewaltig und erforderten bereits einen Großteil der zur Verfügung stehenden Mittel.

Bau des Kraftwerkes am Niagara Fluss durch Westinghouse, Pittsburg

Für die Erzeugung des Wechselstroms durch das Niagara Kraftwerk war das „Tesla Polyphase Alternating Current System“ vorgesehen. Westinghouse hatte die Aufgabe drei Wechselstrom-Dynamos dafür zu liefern. Zusätzlich war eine Schaltzentrale zu errichten und die Transformatoren zur Erzielung der gewünschten Hochspannung zur Fernübertragung der elektrischen Energie bereit zu stellen. Die Leistung der einzelnen Dynamos war mit 5000 Kilowatt bestimmt worden. Jeder Dynamo hatte einen Zweiphasen-Wechselstrom mit einer Frequenz von 25 Hertz und einer Spannung von 2.200 Volt zu liefern. Das an den Dynamos angebrachte Firmenschild zeigte, dass dafür dreizehn Patente eingesetzt wurden, wobei nicht weniger als neun Patente von Tesla waren. Der an jedem Dynamo angeschlossene Transformator („step up transformer“) hatte die erzeugte Spannung von 2200 Volt zur Übertragung über die Fernleitung auf 11.000 Volt zu erhöhen.

Dynamos im Niagara Kraftwerk

„step up“-Transformatoren im Niagara Kraftwerk

Der Antrieb der Dynamos geschah mittels Turbinen, die unterirdisch in der Höhe des Niagara Flusses, die dieser nach dem Fall hat, installiert wurden.

Dies erforderte zum Antrieb eines Dynamos jeweils eine 140 Fuß lange vertikal nach oben gehende Welle. Die Konstruktion der Turbinen erfolgte von der Schweizer Firma Faesch und Piccard, Genf, der Bau der Turbinen wurde von J.P. Morris Co, Philadelphia, USA, durchgeführt. Im Jahre 1895 war der Bau des Kraftwerkes durch die Firma Westinghouse beendet.

ONE of the present series of articles must evidently treat of the power producing plant, and its installation,—two essential elements in the series of mechanisms that convert the flow of the Niagara river over the Falls, into other forms of energy,—finally represented by a revolving shaft in the factory, by the speeding car in the street, or by other of its manifold forms of utility. It is this part of the description of the manner of utilizing Niagara Falls that is to fall to the lot of the present article.

The standard American method of utilizing a large amount of water-power, has hitherto been, to distribute the water to the several consumers, or mill-owners, by means of a system of head-races, so-called, with facilities for its discharge at a lower level, to be utilized as the owner or lessee saw fit, and generally on his own premises. This led to long head-canals, and to insignificant tail-races, whereas, as we shall presently see, the Niagara plant consists of a common tail-race, a mile and a half long, with comparatively insignificant head-races. The old time water-power

Anordnung der Druckstollen und der Turbinen im Niagara Kraftwerk

Der Bau der Überlandleitung und der Infrastruktur für die einzelnen Verbraucher durch die General Electric Co., Schenectady, New York.

Als wichtiger Verbraucher des im Niagara Kraftwerk erzeugten Wechselstromes trat die Stadt Buffalo, die 40 km entfernt war, auf. Dazu war eine Überland-Hochspannungsleitung vom Niagara Kraftwerk zur Stadt Buffalo zu errichten. Neben der Versorgung von Buffalo mit elektrischem Licht und elektrischen Strom für die Elektromotore, die in den verschiedenen Gewerben in Betrieb waren, galt es auch, der mit Gleichstrom funktionierenden Straßenbahn dort den Strom zu liefern. Um dies zu erreichen wurde die ankommende Hochspannung von 11.000 Volt durch einen Transformator („step down transformer“) auf 300 Volt gebracht und über Einanker-Umformer („rotary converter“) in 500 Volt Gleichspannung gewandelt, die für den Betrieb der Straßenbahn benötigt wurden. Weitere Transformatoren erzeugten aus der ankommenden Hochspannung die für den Betrieb von großen Wechselstrommotore benötigte Spannung von 2000 Volt und von 110 Volt, für die Beleuchtung und für Kleinmotore in Haushalt und Gewerbe. Im Jahre 1896 war die Stadt Buffalo und seine Umgebung an das Niagara- Kraftwerk bereits fertig angeschlossen. Schon bald wurde die Kapazität des Niagara Kraftwerkes auf zehn Dynamos erhöht und neben Buffalo wurde auch die Stadt New York als Verbraucher angeschlossen. Für eine genaue Beschreibung der Konstruktion und des Baus des Niagara Kraftwerkes sowie der notwendigen Komponenten sei auf das bei „The Louis Cassier Co“ herausgegebene Buch „The Harnessing of Niagara“ London 1899, verwiesen.

Überland-Hochspannungsleitung nach Buffalo

AC/DC Einanker Umformer und „step down“ Transformatoren

Zu Ehren von Nikola Tesla wurde auf der im Niagara Fluss liegenden „Goat Island“ eine Statue von ihm aufgestellt. Seither wacht sein von dieser Statue ausgehender „Geist“ über die Geschicke des Kraftwerkes bis hin zu den verschiedenen Verbrauchern des davon erzeugten elektrischen Stromes.

Nikola Tesla, Goat Island

9 Experimente mit hochfrequenten Strömen

Der Verkauf der Wechselstrompatente an die Firma Westinghouse in Pittsburg und die darauf erfolgte Verdrängung des Gleichstromes durch den Wechselstrom bedeutete für Nikola Tesla sehr viel. Er hatte damit die volle Anerkennung für seine bisherigen Erfindungen erhalten. Die darauf folgenden Ereignisse, vor allem der internationale Erfolg durch die Präsentation der Wechselstromtechnik im Rahmen der Weltausstellung in Chicago im Jahre 1893, die durch Westinghouse unter Mithilfe von Tesla veranstaltet wurde und die Errichtung des Niagara Kraftwerkes im Jahre 1895 zur Versorgung der Stadt Buffalo mit elektrischem Strom, verstärkten diese Anerkennung.

Nikola Tesla ruhte sich jedoch auf diesem Erfolg nicht aus. Im Gegenteil, er befasste sich weiter mit Plänen, die ihn zusätzlich über die Jahre beschäftigt hatten. Unter diesen gab es auch den Plan zur Technik des elektrischen Lichtes auch einen Beitrag zu leisten. Mit der Erfindung der Glühlampe hatte Edison bereits im Jahre 1880 einen wichtigen Fortschritt erzielt. Die bis dahin für die elektrische Lichterzeugung verwendeten Bogenlampen wurden damit verdrängt und nur mehr zur Beleuchtung großer Plätze eingesetzt. Eine weitere elektrische Erzeugung von Licht mittels evakuierter Glasröhren, wie Geisslerröhren, die mittels Hochspannungs-Impulsen, die von einem Rumkorff Induktor erzeugt wurden, zum Leuchten gebracht wurden, war seit längerer Zeit bekannt Diese Methode fand nun das Interesse von Tesla, da er diese in Zusammenhang mit seinen Arbeiten zur Erzeugung von Wechselstrom sehen konnte. Es galt Wechselstrom mit hoher Spannung und hoher Frequenz zu erzeugen. Dazu sah Tesla zwei Möglichkeiten:

(1) Bau eines Wechselstrom Dynamos hoher Spannung und hoher Frequenz
(2) Bau einer Schaltung mit der eine andauernde hochfrequente Schwingung mit hoher Spannung erzeugt wird.

.

Die Verfolgung von (1) führte Tesla zur Konstruktion von Hochfrequenzdynamos. Mit den Patenten *447,920 Method of operating arc lamps* und *447,921 Alternating electric current generator* (auch Patent *199,202*) eingereicht im Jahre 1890, sicherte sich Tesla dafür seine Rechte als Erfinder. Diese Methode der Erzeugung hochfrequenter Ströme wurde von Tesla später jedoch nicht mehr verfolgt. Sie wurde aber später in den USA bei General Electric von Alexanderson wieder aufgegriffen und führte erfolgreich zur Erzeugung von Sendern für die drahtlose Telegraphie im Bereich der Langwellen und zum Aufbau eines internationalen Netzes. Auch in Deutschland wurde diese Methode von Telefunken und Lorenz dreißig Jahre später in den für den Übersee-Funkverkehr damals gebauten Maschinensendern verwendet.

Die Methode (2) beruhte auf einer Schaltung die ähnlich zu der war, die bisher bei den Experimenten mit Rumkorff Induktoren und Geissler Röhren eingesetzt wurde. Zwei wesentliche Unterschiede bestanden jedoch. Der von Tesla eingesetzte Transformator hatte keinen Eisenkern. Die Funkenstrecke und der Unterbrecher fielen weg. Die Primärspule, die nur wenige Windungen hatte, wurde über Leidener Flaschen direkt über einen Unterbrecher an Wechselstrom gelegt. In Verbindung mit den Leidener Flaschen bildete die Primärspule damit einen Schwingkreis der mit der elektrisch offenen Sekundärspule, die viele Windungen hatte, gekoppelt war. Mit dieser Schaltung war es möglich auf effektive Weise eine hochfrequente Schwingung hoher Spannung zu erhalten, die mittels einer an der Sekundärspule angebrachten Antenne in den Raum abgestrahlt werden konnte. Diese damit erhaltende Oszillator-Schaltung war für Tesla schließlich auch die Basis zu einer möglichen Realisierung seiner Ideen zu einer drahtlosen Übertragung elektrischer Energie. Darauf wird in den späteren Kapiteln noch näher eingegangen.

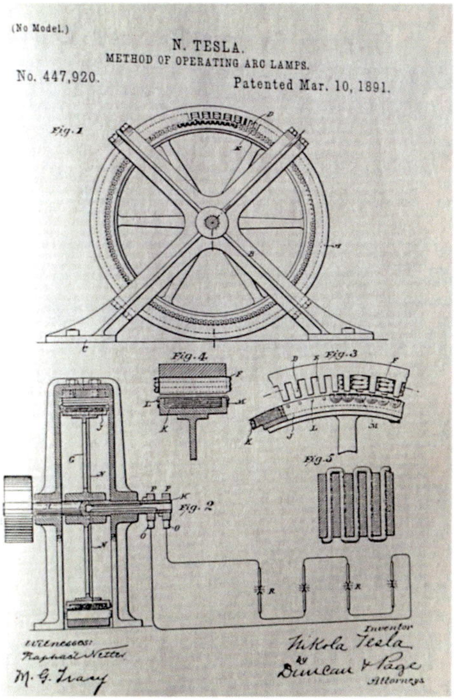

Patent Hochfrequenz-Dynamo

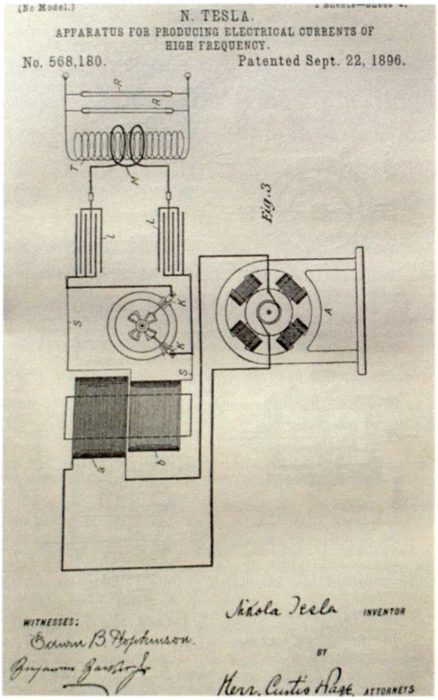

Patent Oszillator-Schaltung

Tesla Hochfrequenzdynamo   Tesla Hochfrequenz.Oszillator

Zur öffentlichen Bekanntmachung seiner Ideen zur Erzeugung hochfrequenter Wechselströme und damit erzeugtes Licht hielt Tesla eine Reihe von großen Vorträgen, die seine Bekanntheit sehr erhöhten. Von diesen sollen angeführt werden:

„Experiments with Alternate Currents of Very High Frequency, and Their Application to Methods of Artificial Illumination", New York 20. Mai 1891

"Experiments with Alternate Currents of High Potential and High Frequency", London, 3. Februar 1892

"On Light and Other High Frequency Phenomena"
Philadelphia und St. Luis, Februar/März 1893

Der Vortrag in New York wurde im Columbia College wiederum vom "American Institute of Electrical Engineers" (AIEE) veranstaltet. Der Vortrag in London wurde von Tesla auf Einladung der "Institution of Electrical Engineers" (IEE) in Anwesenheit bedeutender britischer Wissenschaftler und Techniker, unter diesen auch Professor William Thomson, gehalten. Alle drei Vorträge wurden zur Gänze im Buch von Thomas C. Martin: The Inventions, Researches and Writings of Nikola Tesla (New York 1894) publiziert. Zum Vortrag in London erschien sogar ein eigenes Buch.

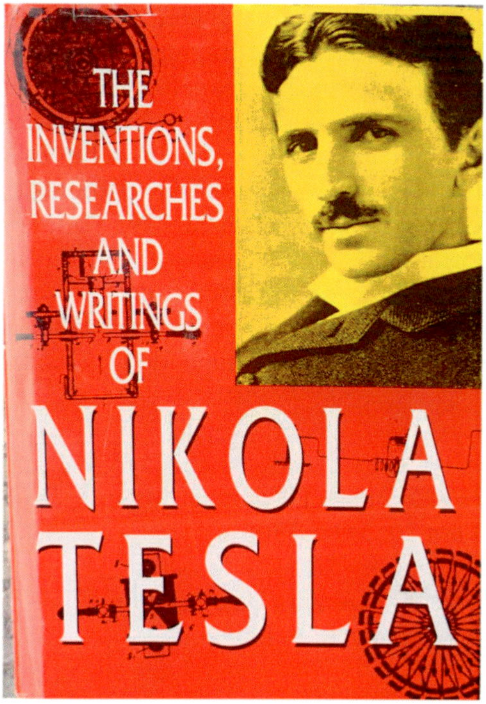

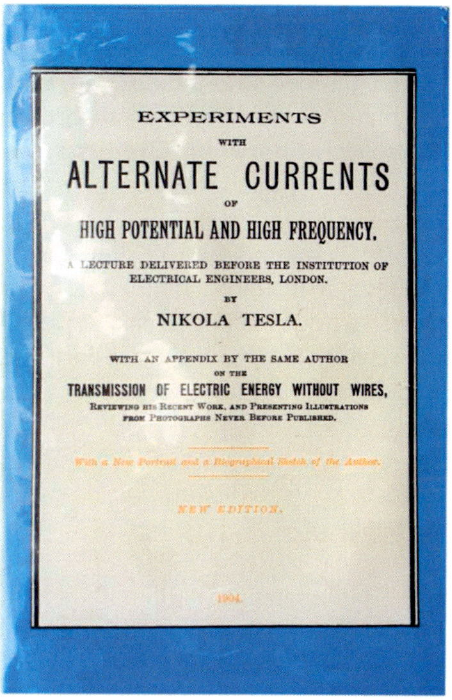

Thomas C. Martin: Nikola Tesla Nikola Tesla: London 1892

Zusammenfassend kann festgestellt werden, dass Nikola Tesla durch die in den Jahren 1891 bis 1895 gehaltenen Vorträge, die seine Beiträge zur Wechselstromtechnik als Erfinder und Konstrukteur von Prototypen zum Inhalt hatten, sowohl in den USA als auch in Europa bekannt wurde und dafür auch von der Fachwelt eine große Anerkennung erhalten hat. Aus praktisch technischer Sicht hatte sich Nikola Tesla bereits vorher durch seine Wechselstrompatente und mit der damit möglichen Durchsetzung des Wechselstromes gegenüber dem Gleichstrom sowie mit seinem Beitrag zum Bau des Niagara Kraftwerkes einen Namen gemacht. Mit den Vorträgen in New York, London und Philadelphia hat Nikola Tesla jedoch ein neues Kapitel zur Anwendung des Wechselstroms angestoßen.

10 Die „Radiopatente“

Die Experimente mit hochfrequenten Schwingungen mittels einer Oszillator-Schaltung bei der ein eisenloser Transformator (“Tesla Transformator”), die Hauptrolle hatte, hatte Tesla sicherlich vor Augen geführt, dass er es hier mit elektro-magnetischen Wellen, deren Existenz in den Jahren 1886/87 durch Heinrich Hertz erwiesen wurde, zu tun hatte. Vielleicht hatte er auch die Kenntnis der Versuche von Oliver Lodge in England und von Guglielmo

Marconi in Italien diese zur Übertragung von elektrischen Signalen einzusetzen. Bisher hatten sich seine Experimente einer drahtlosen Übertragung elektrischer Energie nur der Erzeugung von Licht mittels spezieller gasgefüllter Lampen gewidmet. Ab nun wollte er auch die Idee auf diese Weise mittels Fernwirkung elektrische Motore anzutreiben und auch elektrische telegraphische oder telephonische Signale übertragen zu können, verfolgen. Seine diesbezüglichen Arbeiten dafür wurden jedoch kurz unterbrochen. Am 13. Mai 1895 hatte ein Brand in seinem New Yorker Laboratorium alle dafür geschaffenen Geräte vernichtet. Mit einer finanziellen Unterstützung von Investoren der „Morgan Group“ war es aber Tesla noch im Jahre 1895 möglich die Arbeiten fortzusetzen. Ein wichtiger Schritt war dafür die Einreichung der folgenden Patente:

„System of Transmissions of Electrical Energy“, US Patent *645,576* und *„Apparatus for Transmission of Electrical Energy”*, US Patent *649,621*, beide eingereicht am 2. September 1897 (erteilt am 20. März 1900).

Diese „Radiopatente“ sollten als wichtige Grundlage zum Bau des von Nikola Tesla geplanten Übertragungssysteme verwendet werden können.

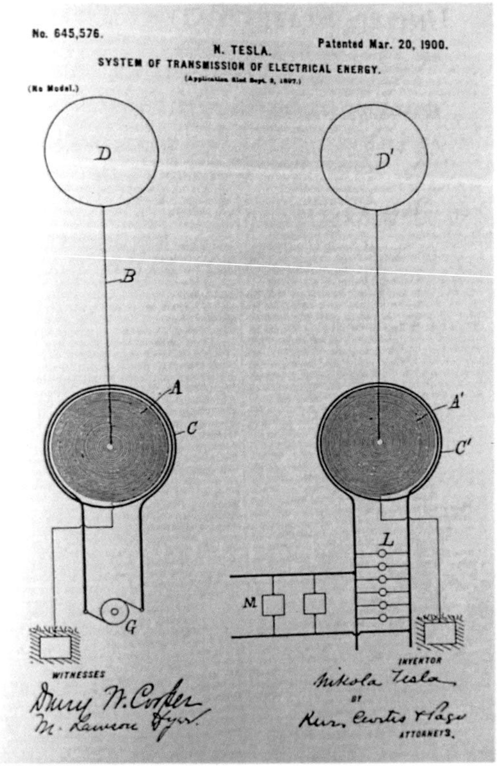

„Radiopatent“ von Tesla

Das Patent *645,576* zeigt im Bild links den Sendeteil und rechts den Empfangsteil. Der Sendeteil besteht aus dem Generator G, der hochfrequente Ströme für die Primärwicklung C des Tesla-Transformators liefert. Die Sekundärwicklung A ist zum einen Ende geerdet, zum anderen Ende mit einem Konduktor D (eine Metallkugel oder ein aus Metall gefertigter Zylinder) verbunden. Über die Art des Generators G ist im Patent nichts gesagt. Es kann angenommen werden, dass dieser durch die verschiedenen von Tesla erfundenen Oszillatoren gegeben ist. Beispiele dafür sind durch die Patente *„Apparatus for Producing Electrical Currrents of High Frequency"* US Patent *568,180* vom 22. Sept. 1896, US Patent *577,670* vom 23. Feb. 1897 und US Patent 583,953 vom 8. Juni 1897 gegeben. Der Empfangsteil ist „invers" zum Sendeteil aufgebaut. Die über den Raum empfangenen elektromagnetischen Wellen erregen über den Konduktor D′ und dem Erdanschluss die mit einer hohen Windungszahl ausgestattete Primärwicklung C′ des „invers" geschalteten Tesla-Transformators. An der Sekundärwicklung mit geringer Windungszahl sind die Verbraucher L (Lampen) und M (Motore) angeschlossen. Soweit eine grobe Beschreibung des Systems zur elektrischen Energieübertragung nach dem Patent vonTesla.

Aus dem im Patent gezeigten Bild allein, kann die exakte physikalische Funktion des Systems nur erahnt werden. Der Text des Patentes, der nach der damaligen Gepflogenheit ein großes Spektrum an möglichen Ausführungen behandelt, gibt jedoch auch nicht die zugrunde liegenden Prinzipien wissenschaftlich genauer bekannt. Nikola Tesla war in erster Linie Erfinder und Techniker und vermied es im Patent auf die von Maxwell, Hertz, Lodge, Fessenden und anderen Wissenschaftern zu diesem Thema bereits erreichten wissenschaftlichen Ergebnisse, die zu einem physikalischen Verständnis des Patentes einen Beitrag hätten leisten können, hinzuweisen.

Drahtlose Fernsteuerung eines Schiffes

Anlässlich der New Yorker Elektrizitätsausstellung im Jahre 1898 bot sich für Tesla eine Gelegenheit zur praktischen Demonstration seines Radiosystems. Er bekam die Möglichkeit eingeräumt, auf einem in der großen Halle des Madison Square Gardens angelegten Teiches ein Modellboot, das drahtlos gesteuert wurde, vorzuführen. Die Grundlage dafür war mit dem am 1. Juli 1898 eingereichten US Patent *613.809 „Methods of and Apparatus for Controlling Mechanism of Moving Vessels"* gegeben. Mit Sendeimpulsen verschiedener Frequenz war Tesla in der Lage das Modellschiff beliebig zu steuern. Die Vorführung gelang in bester Weise. Der Beitrag von Tesla kann als Beginn des heute aktuellen Gebietes der „Tele-Robotik" gesehen werden. Gleichzeitig bewies er damit das Funktionieren seines Radiosystems.

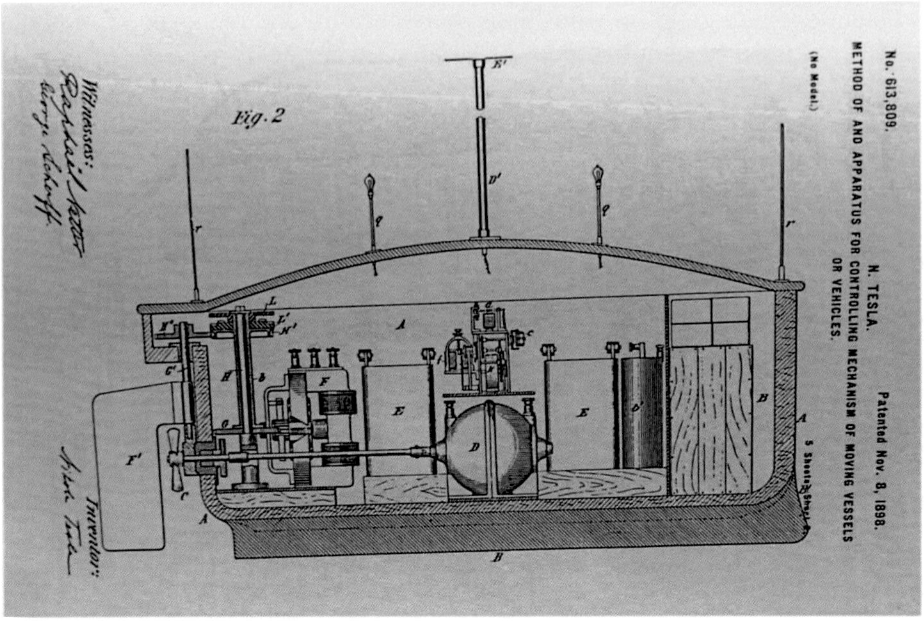

Patent zum Boot von Tesla

Boot von Tesla

11 Experimente in Colorado

Durch den Brand seines New Yorker Laboratoriums und des Verlustes des Großteils seiner Instrumente und Prototypen sah sich Tesla gezwungen ein neues Laboratorium einzurichten. Für seine Experimente zur Übertragung elektrischer Energie wünschte er sich genügend Platz zur Verwendung großer Spulen und leistungsstarker Oszillatoren. In dieser Situation bot sich für Tesla glücklicherweise eine Hilfe an: Er bekam eine Einladung zur Einrichtung eines Laboratoriums in Colorado Springs, einer Stadt im „Wilden Westen" in großer Höhe in den Rocky Mountains gelegen. Zum Aufbau des Laboratoriums dort erhielt er von seinem persönlichen Freund John Jacob Astor, Mitbesitzer des Waldorf Astoria Hotels in New York, die Summe von 30.000 Dollar. Bereits am 18. Mai 1899 traf Tesla in Colorado Springs ein. Zum Bau des Laboratoriums in Colorado Springs wurden Tesla dort die besten Möglichkeiten geboten. Die Versorgung mit elektrischem Strom erfolgte durch die örtliche El Paso Power Company.

Laboratorium in Colerado Springs 1899

Als erstes galt es, einen sehr großen Tesla Transformator zu bauen. Dessen Beschreibung kann grob wie folgt geschehen: Die bisher größte sekundäre Spule in seinem New Yorker Laboratorium, die in Kegelform gebaut war, hatte an der Basis einen Durchmesser von 2,5 Meter. Für Colorado Springs war eine zylinderförmige Spule mit einem Durchmesser von 15 Meter vorgesehen. Für die Sekundärwicklung waren etwa dreißig Windungen, für die Primärwicklung nur eine oder zwei Windungen vorgesehen. Es zeigte sich, dass mit einer Verlängerung der Sekundärwicklung durch eine weitere Spule („extra coil") eine Verstärkung der Strahlung erreicht werden konnte. Für den Oszillator war ein Transformator von Westinghouse vorgesehen, der eine Hochspannung von 20.000 Volt zu liefern hatte. Als Antenne sollte ein hoher Stab, an dessen oberen Ende eine Kugel montiert war, am Ausgang des Tesla Transformators angeschlossen werden.

Experimente mit dem Tesla Transformator in Colorado Springs

Neben dem Tesla Transformator, der einen wesentlichen Bestandteil der Ausrüstung des Laboratoriums in Colorado Springs darstellte, galt es für Tesla auch an der Verbesserung der Empfänger zu arbeiten. Er entwickelte dafür spezielle Arten von Kohärer und sicherte sich seine Ergebnisse durch entsprechende Patente.

Tesla verfasste zu den in Colorado Springs erhaltenen Ergebnissen keine wissenschaftlichen Aufsätze, jedoch hat sich sein umfangreiches Tagebuch in dem er Tag für Tag die Experimente und deren Ergebnisse notierte und kommentierte, erhalten. Im Jahre 1978 wurde dieses mit dem Titel „Colorado Spring Notes“ vom Tesla Museum Belgrad veröffentlicht. Nach dem Aufenthalt in Colorado in der Dauer von neun Monaten kehrte Nikola Tesla im Jahre 1900 wieder nach New York zurück.

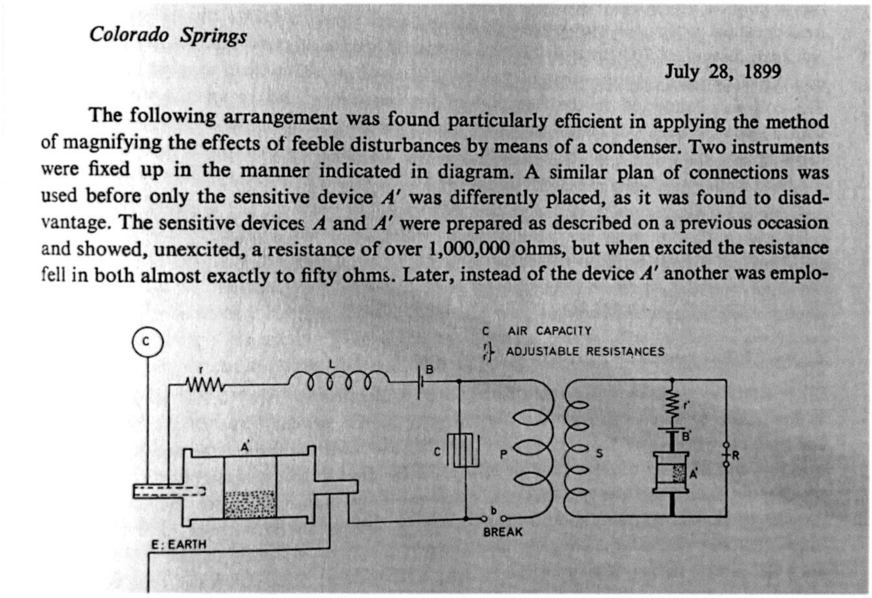

Colorado Springs

July 28, 1899

The following arrangement was found particularly efficient in applying the method of magnifying the effects of feeble disturbances by means of a condenser. Two instruments were fixed up in the manner indicated in diagram. A similar plan of connections was used before only the sensitive device *A'* was differently placed, as it was found to disadvantage. The sensitive devices *A* and *A'* were prepared as described on a previous occasion and showed, unexcited, a resistance of over 1,000,000 ohms, but when excited the resistance fell in both almost exactly to fifty ohms. Later, instead of the device *A'* another was emplo-

Ausschnitt aus den „Colorado Springs Notes“
Empfänger mit zwei Kohärer Stufen

Mit den Ergebnissen der in der Zeit 1899/1900 in Colorado Springs durchgeführten Experimente hatte Tesla wichtige Kenntnisse erlangt, die ihn motivierten seine Pläne für die Realisierung eines technischen Systems zur drahtlosen Übertragung elektrischer Energie weiter zu verfolgen.

12 Projekt „Weltsystem“ in Wardenclyffe, Long Island.

Nach seiner Rückkehr von Colorado nach New York galt es für Tesla seine weiteren Pläne, die drahtlose Übertragung von elektrischer Energie betreffend, festzulegen. Nikola Tesla war kein einseitig denkender „Technokrat“ sondern war stets auch an Kunst, an Musik und auch an philosophischen Problemen interessiert. Es war ihm deshalb ein Anliegen seinen technischen Plänen eine philosophische Basis zu geben. Tesla war überzeugt, dass er mit seinen Arbeiten auch einen wichtigen Beitrag zum Frieden zwischen den Menschen geben kann. Auf Drängen verfasste Tesla im Jahre 1900 die Schrift „The Problem of Increasing Human Energy“, die in New York erschien. In dieser konnte er auch seine Vorstellungen vom Bau eines „Weltsystems“, mit dem für alle Länder unseres Planeten ein Austausch von elektrischer Energie zur Kommunikation und Gewährleistung der Zivilisationen bereitgestellt werden können, formulieren. Tesla hatte dazu den Plan für das „Weltsystem“ in New York eine zentrale Stelle zu errichten.

Am Ende des Jahres 1900 hatte sich für Tesla mehr zufällig die Gelegenheit ergeben, den bekannten Bankier J. Pierpoint Morgan (1837- 1913) kennen zu lernen. In einem persönlichen Gespräch konnte Tesla ihn über seine Pläne zum „Weltsystem“, zu dessen Realisierung Geldmittel von Investoren notwendig waren. informieren. J.P. Morgan zeigte sich interessiert und Tesla bekam in der Folge von J.P. Morgan 150.000 Dollar um die vorgeschlagene Sendestation (transatlantic transmitter), die ein Teil des „Weltsystems“ sein sollte, zu errichten. Als Platz für den Bau der Sendestation wurde ein größeres Grundstück in Wardenclyffe auf Long Island, etwa 100 km von New York entfernt, gewählt. Tesla engagierte seinen Freund Stanford White, einen wohlbekannten Architekten, für den Bau. Der Bau schritt zügig voran. Neben dem fünfzig Meter hohen Radioturm wurde als großer Backsteinbau ein Betriebsgebäude errichtet, in dem neben den notwendigen Komponenten für den Sender auch die Apparate, die Tesla bisher in seinem neuen Labor in der Houston Street New York verwahrt hatte, untergebracht wurden. Im Jahre 1902 war der Radioturm fast fertig und das Betriebsgebäude war eingeräumt.

Radioturm und Betriebsgebäude in Wardenclyffe, Long Island

Geräte im Betriebsgebäude im Jahre 1902

Um sich die Rechte für die prinzipielle Schaltung der Sendestation zu sichern reichte Nikola Tesla am 18. Jänner 1902 das US Patent *1,119,732 „Apparatus for Transmitting Electrical Energy"* ein. In diesem wird deren Aufbau in seinen Grundbestandteilen festgelegt. Charakteristisch ist der mit kleinen Halbkugeln P aus Kupfer belegte metallene torusförmige Ring D, der als Antenne für die Abstrahlung der in der Sekundärspule B des Tesla Transformators erzeugten hochfrequenten elektrischen Schwingung dienen sollte.

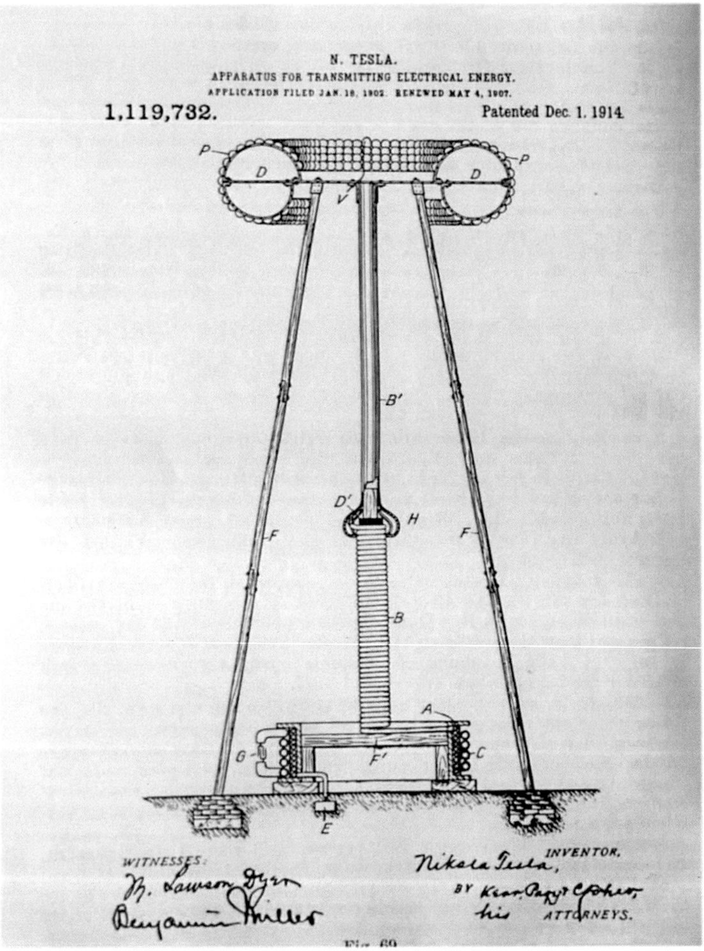

Patentschrift zum Radioturm „Wardenclyffe Tower“

Der große Radioturm, der „Wardenclyffe Tower“, war beinahe fertig gestellt als durch die Erhöhung der Baukosten im Jahre 1903 die zur Verfügung gestellten Geldmittel ausgingen. J.P. Morgan selbst war durch eine Börsenkrise in finanzielle Schwierigkeiten geraten und wollte keine weitere Unterstützung geben. Möglicherweise war auch der inzwischen bekannt gewordene Erfolg von Marconi, den Atlantik mittels drahtloser Telegraphie überqueren zu können, ein Grund für seine Absage. Die Enttäuschung war für Tesla sehr groß und er versuchte beharrlich von anderer Seite eine finanzielle Unterstützung zur Fertigstellung des Radioturms zu erhalten. In diesem Zusammenhang veröffentlichte Tesla in der amerikanischen Zeitschrift „Electrical World and Engineer“ vom 5. März 1904 den Beitrag *„The Transmission of Electric Energy without Wires“* aus dem folgender Ausschnitt im originalen Text hier angegeben wird. Anschließend sollen in Deutsch die darin stehenden Hauptaussagen wiedergegeben werden.

"The results attained by me have made my scheme of intelligent transmission, for which the name „World Telegraphy" has been suggested, easily realizable. It constitutes a radical and fruitful departure from what has been heretofore ... It envolves the imployment of a number of plants, all of which are capable of transmitting individualized signals to the uttermost confines of the earth. Each of them will be preferable located near some important centre of civilization and the news it receives through any channel will be flashed to all points of the globe. A cheap and simple device, which might be carried in one's pocket, may then be set up somewhere on sea or land, and it will record the world's news or such special messages as may be intend for it. Thus the entire earth will be converted into a huge brain, as it were, capable of response in every one of its parts. Since a single plant of but one hundred horsepower can operate hundreds of millions of instruments, the system will have a virtually infinite working capacity, and it must needs immensely facilitate and cheapen the transmission of intelligence. The first of this central plants would have been already completed had it not been for unforeseen delays which, fortunately, have nothing to do with its purely technical features".

deutsche Übersetzung:

"Die von mir erzielten Resultate in der Übertragung von Nachrichten, für die als Bezeichnung „Welt Telegraphie" vorgeschlagen wurde, sind einfach zu erhalten. Sie bedeuten eine radikale jedoch fruchtbare Veränderung von allem was bisher hier existierte. ....Mit diesen wird die Einrichtung einer Anzahl von Stationen verlangt, die in der Lage sind auch zu sehr entlegenen Orten der Erde Nachrichten übertragen können. Jede davon hat vorzugsweise in der Nähe eines wichtigen Zentrums unserer Zivilisation zu liegen und kann die Nachrichten, die über irgendeinen Kanal dort empfangen werden, blitzschnell zu allen Punkten der Erde weiterleiten. Ein preiswertes und einfaches Gerät, das man in der Hosentasche tragen kann, wird, ganz gleich ob auf hoher See oder auf Land befindlich, Weltneuigkeiten oder spezielle persönliche Nachrichten aufnehmen können. In dieser Weise wird der gesamte Erdball zu einem großen Hirn verwandelt, bei dem alle Teile miteinander in Verbindung stehen. Da an eine Station mit etwas 100 PS an die 100 Millionen Geräte angeschlossen werden können hat das System in seiner Arbeitsleistung eine vorstellbar unendliche Kapazität sodass notwendigerweise die Übertragung von Nachrichten erleichtert und preiswert durchgeführt werden kann. Die erste von solchen Stationen wäre schon errichtet worden, wenn nicht unvorhergesehene Verzögerungen geschehen wären, die glücklicherweise mit den rein technischen Dingen nichts zu tun haben".

Leider hatte Nikola Tesla bei allen Bemühungen weitere Geldmittel für die Fertigstellung des Wardenclyffe Towers und dem Bau der Sendestation zu erhalten keinen Erfolg. Das Projekt „Weltsystem“ mit der Sendezentrale auf Long Island als zentrale Einrichtung musste im Jahre 1905 abgebrochen werden.

Der Abbruch des Projektes „Weltsystem“ in Wardenclyffe im Jahre 1905 war für Nikola Tesla eine große Enttäuschung. Er verfolgte von diesem Zeitpunkt an die mit dem „Weltsystem“ angestrebten Ziele nicht mehr weiter. Auch die Elektrotechnik und Funktechnik trat nun in den Hintergrund und er wandte sich anderen Gebieten zu über die noch kurz später berichtet werden soll. Seine „Radiopatente“ brachten ihm dennoch später noch Ruhm und er wurde als ein Radiopionier ausgezeichnet. Der „US Supreme Court“ stellte nach Tesla´s Tod im Jahre 1943 fest, dass die Erfindungen von Nikola Tesla, Oliver Lodge und John Stone zeitlich vor der Erfindung der drahtlosen Telegraphie im Jahre 1897 durch Marconi einzustufen sind.

13 Tätigkeiten in der Zeit von 1906 bis 1936

Mit der Aufgabe des Projektes „Wardenclyffe“ begann im Jahre 1906 für Tesla, gerade fünfzig Jahre alt, eine neue Zeit. Als Erfinder hatte er bis dahin bereits etwas mehr als 100 US Patente erhalten, die meisten in dem Gebiet der Elektrotechnik und der Funktechnik. Trotzdem war es damit nicht Schluss. Es folgten bis zum Jahre 1927 weitere 12 Patente, allerdings nicht aus den bisherigen beiden Gebieten sondern vor allem aus dem Maschinenbau, ein Gebiet das er während seiner Ausbildung an der Technischen Hochschule Graz kennen gelernt hatte. In dieser Schrift, die ja den Erfindungen aus Elektrotechnik und Funktechnik gewidmet ist, soll jedoch darauf nicht weiter eingegangen werden. Erwähnt werden sollen hier jedoch die Patente für die Konstruktion einer neuartigen Turbine im Jahre 1909 und die beiden Patente zum Bau einer Flugmaschine in der Art eines Hubschraubers im Jahre 1921 und 1927. Beide Patente hatten jedoch keinen bleibenden Erfolg in der Praxis.

Schaufellose Turbine von Nikola Tesla

Nikola Tesla, war jedoch während all dieser Jahre in der Öffentlichkeit dennoch als ein berühmter Erfinder bekannt, dem wichtige technische Errungenschaften zu verdanken waren. Obwohl seine Bemühungen zur Einrichtung neuer Funksysteme nicht gelungen waren, sah man auch, dass er viele Dinge vorausgesagt hatte. Die Entwicklung der Funktechnik in den USA durch andere Erfinder, wie Marconi, DeForest und Fessenden, erlaubten schließlich die Übertragung von Morsesignalen über Funk. Mit der Erfindung und Entwicklung der Hochvakuum-Elektronenröhre zur Schwingungserzeugung und Verstärkung bei Western Electric (Arnold) und auch bei General Electric (Langmuir) gelang ab dem Jahre 1920 auch die Einführung des Radio Broadcasting in den USA. Alles waren Entwicklungen, die Tesla bereits in seinem Aufsatz vom Jahre 1904 vorausgesagt hat. Nikola Tesla scheint jedoch dabei keine Rolle mehr gespielt zu haben.

Nikola Tesla war aber weiterhin von den Medien umworben und diese erwarteten von ihm nähere Angaben zu den verschiedenen, wenn auch oft sehr spekulativen Ideen, die er hatte. Diesen Wünschen kam Tesla gerne nach, nicht zuletzt brachten Interviews und Zeitungsberichte auch Geld zur Bestreitung seines Lebensunterhaltes. Manche dieser Aktivitäten lassen jedoch vermuten, dass Tesla mit den neuen Entwicklungen nicht ganz einverstanden war. Zum Beispiel vertrat er in Publikationen die Meinung, dass die von Heinrich Hertz entdeckten elektromagnetischen Wellen und die in der Zwischenzeit entwickelten Systeme der drahtlosen Telegraphie und Telephonie nur als eine Zwischenstufe betrachtet werden können. Zwischen diesen und seinem System bestanden nach seiner Auffassung große Unterschiede. Während bei den nunmehr in Betrieb stehenden Systemen die wissenschaftlich belegte Tatsache bestand, dass die elektromagnetischen Wellen von einer zweipoligen Antenne, einem Dipol, in den Raum abgestrahlt wurden, bildeten zur Erklärung der drahtlosen Übertragung elektrischer Energie in seinem System die Resonanz der hochfrequenten Schwingung und die Verwendung einer einpoligen Antenne und der Erdboden die wesentliche Basis.. In seinem in dem Magazin „Electrical Experimenter" im Mai 1919, S. 48- 52, publizierten Aufsatz „The True Wireless" versuchte er dies darzustellen. Der Aufsatz schloss mit den folgenden Worten:

„The Hertz wave theory of wireless transmission may be kept up for a while, but I do not hesitate to say that in a short time it will be recognized as one of the most remarkable and inexplicable aberration of the scientific mind which has ever been recorded in history"

oder in deutscher Übersetzung

„Die Theorie der Hertzschen Strahlen mag für die drahtlose Übertragung für eine gewisse Zeit in Verwendung bleiben, aber ich bin überzeugt dass diese sich bereits bald als ein bemerkenswerter wissenschaftlich unverständlicher Irrweg herausstellen wird".

Es stellt sich die Frage ob Nikola Tesla diesen Aufsatz für den „Electrical Experimenter", ein Magazin das wissenschaftlich nicht ernst genommen wurde, nur in der Absicht verfasst hat, um für die Leser etwas aufregend Interessantes und Neues zu bieten oder ob er selbst den Inhalt dieses Aufsatz ernst nahm. Sein Ansehen als seriöser Wissenschaftler und Techniker wurde jedenfalls in diesen Jahren durch solche Aufsätze ernstlich beschädigt.

In dieser Zeit gehörten die von Hugo Gernsback als Publisher herausgegebenen Magazine zu den von der Jugend und „jungebliebenen" Erwachsenen am meisten gelesenen Zeitschriften. Diese befassten sich hauptsächlich mit den neuen technischen Entwicklungen, die durch die Erforschung der Elektrizität möglich geworden waren und vermittelten dem Leser auch einen spekulativen Blick in die Zukunft. Die Magazine „Electrical Experimenter" (1913-1920), „Science and Invention" (1920-1931) und „Science Wonder Stories" (1920-1936) gehörten mit weiteren Magazinen im Bereich des Radios und des Fernsehens, die in den späteren Jahren von Gernsback herausgegeben wurden, zu den wichtigsten. Obwohl diese mit ihren populären und oft unwissenschaftlichen Darstellungen nicht das Niveau von Fachzeitschriften aufwiesen, hatten sie dennoch ohne Zweifel für die Ausbildung der amerikanischen Jugend eine wichtige Funktion und förderten deren Begeisterung für die neuen elektrischen Erfindungen Sie trugen nicht zuletzt dadurch bei, dass die USA in diesen Gebieten zu einem führenden Land wurde, eine Tatsache die bis heute nachwirkt.

Umschläge von Gernsback Magazine

Nikola Tesla, der bereits im Jahre 1884 von Serbien nach Amerika auswanderte, war zum Zeitpunkt als Hugo Gernsback in New York ankam, bereits seit zwanzig Jahren in dieser Stadt. Er hatte bereits , wie bereits in dieser Schrift ausgeführt wurde, seine Wechselstrompatente an die Firma Westinghouse verkauft und war durch den Bau des Niagara Kraftwerkes, dessen Dynamos mittels der Patente von Tesla gebaut wurden, und durch den „Sieg“ des Wechselstromes über den Gleichstrom, hochberühmt und anerkannt. Auch waren seine Experimente mit hochfrequenten elektrischen Strömen und seine Absichten damit ein über alle Kontinente gehendes Netzwerk zum drahtlosen Austausch von elektrischer Energie und Nachrichten zu errichten, bekannt geworden. Für Hugo Gernsback, der stets bemüht war, die besten Autoren für seine Magazine zu bekommen war es daher naheliegend zu versuchen mit Nikola Tesla in Kontakt zu kommen und ihn als Autor zu gewinnen. Dies gelang im Jahre 1919. Tesla war zu dieser Zeit bereits 62 Jahre alt und sein Stern war bereits im Erlöschen. Es kam zu einer Vereinbarung, mit der Nikola Tesla sich verpflichtete, in monatlichen Fortsetzungen sein Leben und seine Erfindungen mit dem Titel „My Inventions“ für das Magazin „Electrical Experimenter“ zu verfassen. Der erste Aufsatz dazu erschien bereits 1919 in der Februar-Nummer des Magazins. Das Titelbild zeigte Nikola Tesla mit dem „Tesla Licht“, eine Lampe, die „drahtlos“ das heißt ohne Leitungen zum Leuchten gebracht werden kann.

Nikola Tesla mit „Tesla Licht“

Die weiteren Lieferungen erfolgten zur vollsten Zufriedenheit von Hugo Gernsback, sodass im Juni bereits die Folge V erschien. Dann trat, aus Gründen die nicht genau bekannt sind, eine Pause ein. Die Folge VI konnte erst im Oktoberheft von „Electrical Experimenter“ erscheinen. Weitere Folgen blieben überhaupt aus, sodass die Lebensgeschichte von Tesla unvollständig blieb, da mit Folge VI erst die Jahrhundertwende, also das Jahr 1900, erreicht war. Was war geschehen? Eine Antwort gibt der von Vladimir Jelenković, Direktor des Nikola Tesla Museums in Belgrad veröffentlichte Briefwechsel zwischen Gernsback und Tesla. In der Arbeit „Reprint of Tesla´s Articles in Electrical Experimenter“ (Nikola Tesla Museum Belgrad 2006) wird dazu einen Antwort gegeben. Nach der guten Zusammenarbeit in den ersten Monaten kam es im Juli 1919 zu einer Verzögerung. Tesla lieferte sein Manuskript nicht und beantwortete die dringenden, jedoch vielleicht etwas zu eindringlich formulierten Schreiben, von Hugo Gernsback nicht. Erst im Oktober erhielt schließlich Gernsback von Tesla die Folge VI. Die Verstimmung war aber bei

Tesla so groß, dass weitere Lieferungen ausblieben. Auch die Hinweise von Gernsback, dass damit künftige Generationen keine vollständige Darstellung der von Tesla gemachten Erfindungen erhalten würden, halfen nicht.

Tesla Sendestation auf Long Island. aus „Electrical Experimenter" Juni 1919

Hugo Gernsback blieb aber sein Leben lang, trotz dieses Zerwürfnisses, ein Bewunderer von Nikola Tesla. Als Tesla im Jahre 1943 verstarb, ließ Gernsback eine Totenmaske anfertigen. Diese stand später auf einem Marmorsockel, auf dem wichtige Erfindungen Teslas als Relief dargestellt waren, in den Räumen von Gernsback. Heute ist dieses Monument Bestandteil der Gernsback-Collection im Archiv der Syracuse University Library, Syracuse, New York.

Hugo Gernsback mit Totenmaske von Nikola Tesla

Wie bereits vorher beschrieben hat Nikola Tesla seine Lebensgeschichte, seine Erfindungen und sonstige technisch-wissenschaftiche Arbeiten, einschließlich spekulativer Gedanken, in dem Gernsback Magazin „Electrical Experimenter" in Fortsetzungen im Jahre 1919 publiziert. Das Nikola Tesla Museum Belgrad, über das im Anhang dieser Schrift noch berichtet wird, nahm im Jahre 2006 den 150. Geburtstag zum Anlass um alle Aufsätze im Originaldruck in einem Heft herauszugeben. Schon im Jahre 1982 hatte der amerikanische Autor Ben Johnson die wichtigsten im „Electrical Experimenter" erschienen Erfindungen in dem Buch „My Inventions. The Autobiography of Nikola Tesla" zusammengefasst. Im Einzelnen enthält das von Johnson herausgegebene Buch die folgenden von Tesla verfassten Kapitel:

I My Early Life
II My First Efforts in Invention
III My Later Endeavors
IV The Discovery of the Tesla Coil and Transformer
V The Magnifying Transmitter
VI The Art of Teleautomatics

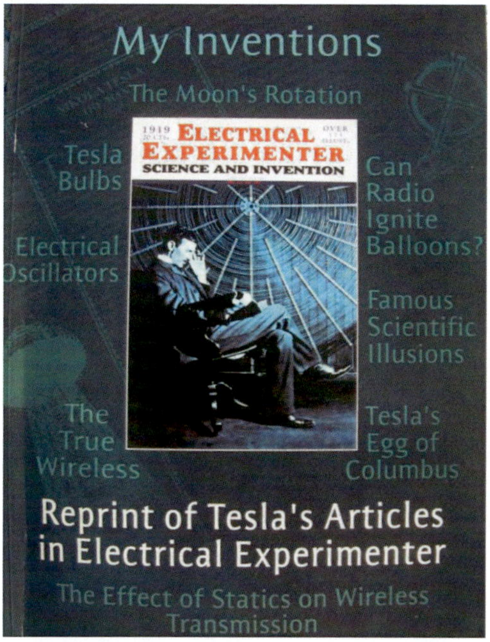

Nikola Tesla: My Inventions, 1919

Ben Johnson: My Inventions-
Nikola Tesla

14 Letzte Lebensjahre

Im Jahre 1936 war Nikola Tesla achtzig Jahre alt, ein Alter in dem gewöhnlich bei jedem Menschen sowohl die körperlichen als auch die geistigen Kräfte zurückgehen. Tesla, der immer behauptet hatte, er würde das Alter von weit über hundert Jahren erreichen, war bis zuletzt bei guter Gesundheit. Längst war jedoch die Zeit in der er im noblen Hotel Waldorf Astoria, wo er von 1900 bis 1920 in Luxus gewohnt hatte und viele Besuche empfangen konnte, vorbei. Nach dem Aufenthalt in verschiedenen New Yorker Hotels war er ab dem Jahre 1934 im großen Hotel „New Yorker“ in der 8th Avenue in der Nähe des Times Square gelegen, gelandet und blieb dort bis an sein Lebensende. Obwohl Nikola Tesla in diesen Jahren kein Einkommen durch seine Patente mehr hatte, hatte er dennoch keine Geldsorgen. Von der jugoslawischen Regierung erhielt Nikola Tesla ab dem Jahre 1936 eine monatliche Rente von 7200 Dollar. Die Firma Westinghouse zahlte ihm monatlich 120 Dollar als Konsulent und übernahm auch die Hotelkosten im „New Yorker“.

Neben seinem Zimmer, das gleichzeitig zum Wohnen und Schlafen diente, hatte Tesla noch ein weiteres Zimmer gemietet, in dem er verschiedene elektrische Apparate, die sich bei ihm über die Jahre aus seinen Laboratorien noch erhalten hatten, aufbewahrte. In den zahlreichen Biographien, die zu Nikola Tesla verfasst worden sind, wird stets von seiner Tierliebe zu den in New York in der Stadt vorhandenen Tauben berichtet, die er selbst fütterte und die ihn auch am Fenster seines Hotelzimmers besuchten. Ohne ein Zeichen von Krankheit starb Nikola Tesla am 7. Jänner in seinem Zimmer an Herzversagen. Bereits am 12. Jänner fand unter prominenter Teilnahme sein kirchliches Begräbnis in der Kirche „St. John de Divine " in New York statt.

Hotel Waldorf Astoria

Hotel New Yorker

15 Schlussworte

Mit dieser Schrift wurde versucht die wichtigsten Beiträge, die Nikola Tesla mit seinen Erfindungen in den Gebieten Elektrotechnik und Funktechnik geleistet hat, dem Leser nahezubringen. Keinesfalls konnte es gelingen, dies in technisch genauer Weise durchzuführen. Auch musste Vieles weggelassen werden. Mit dem Studium der angegebenen Bücher sollten diese Mängel ausgeglichen werden können. Auch der dieser Schrift angeschlossene Anhang kann zum besseren Verständnis der Leistung von Tesla beitragen. Anhang A versucht einen Blick in die Entwicklung der Funktechnik der Zeit um 1900 zu werfen. Dazu werden die Werke von wichtigen Pionieren, die in der Zeit von Nikola Tesla durch ihr Werk Ähnliches erreicht haben oder die das Werk von Tesla fortsetzten, behandelt. In Anhang B geht es um die Anwendung von Erfindungen von Tesla in der Medizin, um deren Verwendung in der Ausbildung an Schulen und Universitäten und um die museale Verwahrung des Nachlasses von Tesla.

Nikola Tesla gehört ohne Zweifel zu den wichtigsten Erfindern im Bereich der Elektrotechnik und Funktechnik. Während seine elektrotechnischen Erfindungen in Zusammenarbeit mit Firmen zu wichtigen technischen Geräten führten, war dies im Bereich der Funktechnik nicht der Fall. Seine Experimente dazu in Colorado Springs und im daran anschließenden Projekt „Weltsystem“ in Wardenclyffe konzentrierten sich hauptsächlich auf das Problem der drahtlosen Übertragung von elektrischer Energie. Die mögliche praktische Anwendung in der drahtlosen Telegraphie, dem Gebiet in dem Marconi in der Zeit von Tesla bereits große Erfolge hatte, war für Nikola Tesla offenbar nur von geringem Interesse.

Schriftum

Thomas Commerford Martin: The Inventions of Nikola Tesla. New York 1894
S. Bokŝan: Nikola Tesla und sein Werk. Deutscher Verlag Jugend und Volk, Leipzig 1932
John J. O´Neill: Nikola Tesla. deutsche Ausgabe, Rohrer Verlag, Wien 1951
Inez Hunt and Wanetta W, Draper: Lightning in his Hand. The Life Story of Nikola Tesla. Sage Books, Denver 1964
Margaret Cheney: Tesla. Man Out Of Time. Dorset Press, New York 1981
Margaret Cheney & Robert Uth : Tesla. Master of Lightning. MetroBooks, China 2001
Marc Seiffer: The Life and Times of Nikola Tesla. Secaucus, N.J. 1996
Nigel Cawthorne: Tesla. The Life and Times of an Electrical Messias. New York 2014
Aleksandar Marincic: Nikola Tesla- The Work of a Genius. ISBN 86-7025-423-9, Belgrad 2006
Nikola Tesla: „My Inventions“ Reprints. Tesla Museum Belgrad 2006
Ben Johnson (Editor): My Inventions. The Autobiography of Nikola Tesla. New York 1982
Michael Krause: Wie Nikola Tesla das 20. Jahrhundert erfand. Wiley-VCH, Weinheim 2010

Anhang A

In der vorliegenden Schrift wurde versucht den Beitrag den Nikola Tesla mit seinen Erfindungen zur Entwicklung der Elektrotechnik, hier vor allem der Wechselstromtechnik, und der Funktechnik, hier vor allem mit der Erfindung des „Tesla Transformators" und dessen Anwendung zur Herstellung von Funksystemen auf der Basis hochfrequenter Ströme, darzustellen. Auf parallel dazu in gleicher Zeit entstandenen Entdeckungen, die anderswo durchgeführt wurden, wurde dabei nicht eingegangen. In den folgenden Schriften, die aus Publikationen des Verfassers stammen, soll dies geschehen, wobei das Gebiet der hochfrequenten Ströme besonders beachtet werden soll.

A1 Entdeckung der elektromagnetischen Wellen durch Hertz

Bekanntlich gelang Heinrich Hertz, Professor für Physik in Karlsruhe, im Jahre 1887 der experimentelle Nachweis elektromagnetischer Wellen, die von Maxwell mit seinen Arbeiten vorausgesagt wurden. Bevor hier darauf eingegangen werden soll, sei zuerst Heinrich Hertz in seinem Werdegang kurz vorgestellt. Heinrich Hertz wurde am 22. Februar 1857 in Hamburg geboren. Nach dem Unterricht in einer Privatschule legte er am „Joanneum" in Hamburg 1975 das Abitur ab. Nach seinem kurzen polytechnischen Studium in Dresden und München, das ihn nicht befriedigte, wechselte er 1877 zum Studium der Naturwissenschaften an die Universität München und 1878 an die Universität Berlin, wo Hermann Helmholtz sein wichtiger Lehrer und Förderer werden sollte. Schon 1880 promovierte er dort mit der Arbeit „Über die Induktion in rotierenden Kugeln" und bekam eine Assistentenstelle bei Helmholtz. Im Jahre 1883 habilitierte sich Hertz in Kiel. Der Ruf auf eine Professur für „Theoretische Physik" dort blieb aber aus. Im März 1885 trat Hertz als Nachfolger von Ferdinand Braun die Professur für Physik an der Technischen Hochschule Karlsruhe an. Im Jahre 1889 wechselte Hertz als Professor nach Bonn. Nach erfolgloser ärztlicher Behandlung einer Kiefervereiterung starb Heinrich Hertz am 1. Januar 1894 an einer Blutvergiftung.

Heinrich Hertz im Jahre 1886

In der zweiten Hälfte des 19. Jahrhunderts standen sich zur Erklärung der Elektrodynamik zwei Schulen gegenüber, die Vertreter einer „Fernwirkungstheorie“, die auf die Ergebnisse von Ampere und Weber aufbaute und die Vertreter einer „Nahwirkungstheorie“, die sich an die Feldvorstellungen von Faraday und an der von Maxwell dafür geschaffenen Theorie der elektromagnetischen Wellen, die sich analog zum Licht im Raum ausbreiten, orientierte.

Wie bereits einleitend erwähnt wurde, gelang es im Jahre 1887 Heinrich Hertz mit seinen Experimenten an der Universität Karlsruhe, die Existenz der von Maxwell vorausgesagten elektromagnetischen Wellen zu bestätigen, womit ab diesem Zeitpunkt die Nahwirkungstheorie allgemein akzeptiert wurde. Im Folgenden soll auf die von Heinrich Hertz in Karlsruhe durchgeführten Arbeiten noch näher eingegangen werden. Ausgangspunkt war dazu eine vom bekannten Physikprofessor Hermann von Helmholtz formulierte und an der Akademie der Wissenschaften in Berlin eingereichte Preisaufgabe, die zur Frage welcher der beiden Theorien, der Fernwirkungstheorie oder der Nahwirkungstheorie, der Vorzug zu geben ist, eine Entscheidung bringen sollte. Heinrich Hertz, damals Assistent bei Helmholtz wusste von dieser Aufgabe. Bereits in Kiel hatte er im Jahre 1884 mit der Arbeit „Über die Beziehungen zwischen den Maxwell´schen elektrodynamischen Gleichungen und den Grundgleichungen der gegnerischen Elektrodynamik“ dieses Thema behandelt.

Nachdem Hertz in Karlsruhe die Professur übernommen hatte und geeignete Instrumente und Apparate im Laboratorium von Ferdinand Braun, seinem Vorgänger in Karlsruhe, vorfand, befasste er sich erneut mit dieser Aufgabe. Zu dieser Zeit war bereits bekannt, dass ein elektrischer Funken eine Oszillation hoher Frequenz zu erzeugen vermag. Dies motivierte Heinrich Hertz offenbar, mit einem Rühmkorff-Induktor über eine Kugelfunkenstrecke eine solche Oszillation zu erzeugen und diese an einen Dipol mit am Ende angebrachten Kugelkonduktoren, deren Ladung eine Kondensatorwirkung haben, anzuschließen. Der „Große Oszillator" von Hertz als Sender von elektromagnetischen Wellen, die von einem Dipol als Antenne abgestrahlt wurden, war damit geschaffen. Um deren Übertragung durch den Empfang von „Nebenfunken" zu registrieren, benutzte Heinrich Hertz eine Drahtschleife, also eine Art Dipolantenne wie diese heute für den Empfang von Ultrakurzwellen beim Rundfunk und Fernsehen bekannt ist, mit daran angeschalteter Kugelfunkenstrecke. Zum Feststellen des Eintreffens einer elektromagnetischen Welle, beobachtete Hertz die Funkenbildung mit einer Lupe. Dies war die Art des Empfängers, von Hertz als „Resonator" bezeichnet, den Heinrich Hertz in seinen Experimenten benutzte. Hertz konnte mit seinen in Karlsruhe durchgeführten Experimenten feststellen, dass die Übertragung der „elektrischen Kraft" nach den gleichen physikalischen Gesetzen wie diese für Lichtwellen gelten, erfolgte, womit die Existenz von elektromagnetischen Wellen, wie von Maxwell vorausgesagt, als erwiesen galt. In mehreren ab dem Jahre 1887 erschienenen Publikationen konnte Heinrich Hertz zeigen, dass die von ihm entdeckten elektromagnetischen Wellen und ihre Eigenschaften vollständig mit der von James Clerk Maxwell bereits im Jahre 1864 entwickelten Theorie der elektromagnetischen Wellen im Einklang standen.

Mit den von Heinrich Hertz in Karlsruhe in den Jahren 1886-1888 erzielten Ergebnissen war nicht nur die von Helmholtz gestellte Preisfrage zugunsten der Nahwirkungstheorie beantwortet, sondern es war im besonderen damit die physikalische Grundlage für die Entwicklung der Funktechnik und der damit verbundenen Nachrichtentechnik, geschaffen. Der Weg der von Heinrich Hertz und seinem Funksystem in Form des „Großen Oszillators" und dem „Resonator" bis zu den heutigen zellular aufgebauten Netzen des Mobilfunks, beschritten werden musste, war lang und mit vielen Hürden versehen.

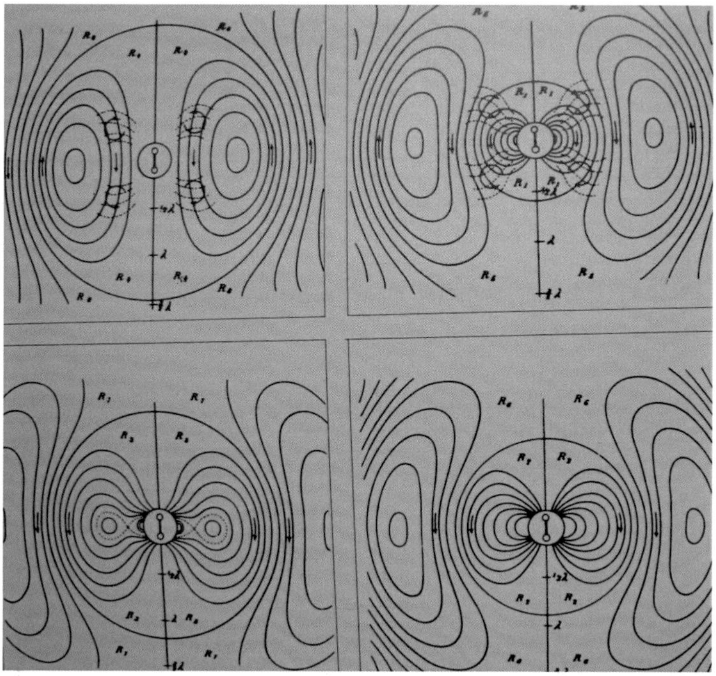

Ausbreitung einer elektromagnetischen Welle von einem Dipol

In diesem Abschnitt wurde versucht das gewählte Thema in allgemein verständlicher Weise darzustellen. Auf die von James Clark Maxwell dafür geschaffenen mathematischen Grundlagen, konnte dabei nicht eingegangen werden. Es ist bekannt, dass Maxwell zunächst mit seiner Theorie der elektromagnetischen Felder, die nach den Vorstellungen von Faraday eine Nahwirkungstheorie ist, auf Unverständnis gestoßen ist. Wie ausgeführt wurde, haben die Bemühungen von Maxwell die Theorie mittels mechanischer Analogiemodelle zu entwickeln, nach Anläufen zu seinen Arbeiten über „Faraday´s Line of Forces“1855/56 und „Physical Lines of Forces“ 1861/62 und zu seiner umfangreichen Arbeit zur Theorie des elektromagnetischen Feldes von 1865 und schließlich zu seinem Hauptwerk „A Treatise on Electricity and Magnetism“ vom Jahre 1873 geführt. Es gab Bemühungen das Werk von Maxwell besser verständlich zu machen und Verbesserungen vorzuschlagen. Dazu gehören vor allem die Arbeiten von Heaviside und Lodge in England. In Deutschland hat vor allem Heinrich Hertz dazu einen wichtigen Beitrag geliefert.

A2 Experimente mit elektromagnetischen Wellen von Lodge

Oliver Lodge gehört zu den wichtigsten Forschern das Gebiet der elektromagnetischen Wellen betreffend. Mit seinen Experimenten setzte er die Arbeiten von Heinrich Hertz fort und es fehlte nicht viel und er wäre auch zum Erfinder der drahtlosen Telegraphie geworden. Diese Erfindung muss aber ohne Zweifel dem Italiener Gugliemo Marconi und nicht zuletzt auch Nikola Tesla zugesprochen werden, vor allem weil diese die praktische Anwendung demonstriert haben.

Zum Leben und Werk von Oliver Lodge

Oliver Lodge wurde am 12. Juni 1851 in Penkhull , Staffordshire, geboren. Sein Vater handelte mit der in dieser Gegend abgebauten Tonerde für das Töpferhandwerk. Im Alter von 14 Jahren beendete Lodge bereits seine Schulausbildung und half seinem Vater im Verkauf. Nach Umzug der Familie in die Nähe von London besuchte Lodge dort an der Universität Kurse im Fach Physik, gleichzeitig auch das Wedgewood Institute. 1875 bekam Lodge den Bachelor of Science und im Jahre 1878 den Doktor of Science. Nach kurzer Tätigkeit als Lecturer am Bedford College nahm Lodge im Jahre 1881 die Professur für Physik und Mathematik in Liverpool an. 1900 wurde Lodge Direktor an der neu gegründeten Universität von Birmingham wo er bis zu seiner Pensionierung im Jahre 1919 blieb. 1877 hatte Oliver Lodge geheiratet und die Familie hatte 12 Kinder, 6 Buben und 6 Mädchen. Nach seiner Pensionierung übersiedelte Lodge mit seiner Frau in die Gegend von Lake in Witshire, in der Nähe von Stonehenge gelegen.

Lodge war in den jungen Jahren sehr am Gebiet der Elektrizität interessiert. Das Werk „A Treatise in Electricity and Magnetism“ das James Clerk Maxwell 1873 veröffentlicht hatte, hatte dabei eine Sonderstellung. Seine Auffassung dazu stellte er in seinem Buch „Modern Views of Electricity“ vom Jahre 1889 dar. Die Entdeckung der elektromagnetischen Wellen durch Heinrich Hertz wurden dort erst ganz am Schluss behandelt. In der im Jahre 1892 erschienenen zweiten Auflage gab Lodge in Ergänzung einen Überblick über den inzwischen erreichten Fortschritt. Im Besonderen erklärte er darin die Resonanzeigenschaften des Hertz´schen Oszillators, indem er diesen als eine Funkenstrecke in Zusammenschaltung mit einer Leydener Flasche und einer Induktivität, bestehend aus den Leitungen, deutete.

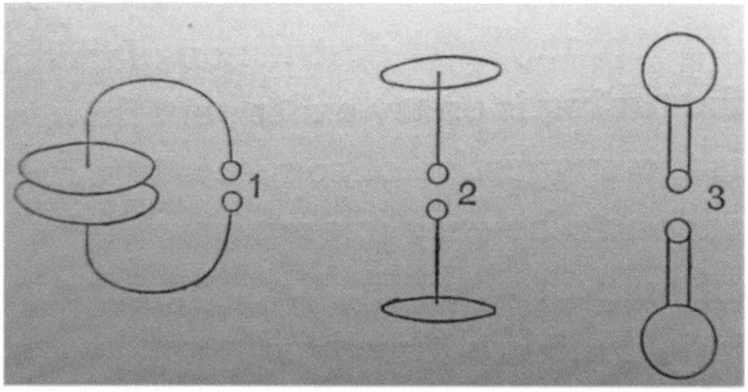

Deutung des Hertz´schen Oszillators als Schwingkreis (Lodge 1892)

Die Befassung mit dem Werk von Heinrich Hertz führte im Jahre 1894 zu einer Einladung zu einer Vortragsserie an der Royal Institution on London. Darüber soll später noch genauer berichtet werden. Als weiterer wichtiger Beitrag von Oliver Lodge im Bereich der elektromagnetischen Wellen muss noch seine Erfindung des „syntonic tuning“ , die frequenzmäßige Abgleichung des Senders mit dem Empfänger, vom Jahre 1898 genannt werden, für den er das Britische Patent „Improvements on syntonized telegraphy without line wires“ erhalten hat.

Neben seinen Arbeiten zur Physik befasste sich Oliver Lodge schon vom Jahre 1880 an mit psychologischen und spiritistischen Problemen und verfasste dazu zahlreiche Bücher. Hochgeehrt mit der Rumford Medaille der Royal Society (1898), der Albert Medaille (1919) und der Faraday Medaille (1932) verstarb Lodge am 22. August 1940 im Alter von 89 Jahren auf seinem Alterswohnsitz.

Von der Blitzableiter-Forschung zu den elektromagnetischen Wellen

Im England, wie in vielen anderen Ländern, war es zur Praxis geworden, Gebäude zum Schutz gegen Blitzschläge mit Blitzableitern zu versehen. Dazu wurde von den höher gelegenen Gebäudeteilen, z.B. von einem Kirchturm, zum Boden ein starkes Kupferseil gelegt und dieses mit einer Kupferplatte im Erdboden fest verankert. Die Erfahrung zeigte, dass es immer wieder zu Schäden kam, wo ein Blitz nicht wir vorgesehen über den Blitzableiter zur Erde ging, sondern sich einen anderen Weg suchte und es dadurch zu Schäden, hauptsächlich zu Bränden, kam. Um den Grund dafür zu erkunden, beauftragte im Jahre 1887 die Royal Society of Arts Prof. Lodge, der sich als Fachmann in diesem Bereich bereits einen Namen gemacht hatte, eine Studie dafür anzufertigen. Als Physiker wollte Lodge diese mit entsprechenden Experimenten unterstützen. Zur Erzeugung einer hohen elektrischen Spannung, mit der Blitze erzeugt werden konnten, verwendete Lodge die Influenzmaschine von Voss. Die Aufladung der beiden Leydener Flaschen der Maschine geschah über ein längeres Leitungsstück, das den Blitzableiter darstellte. Parallel dazu war eine verstellbare Funkenstrecke geschaltet, die den nicht gewünschten Weg, den ein Blitz bei Einschlag gelegentlich ging und dadurch einen Schaden erzeugte, bedeutete.

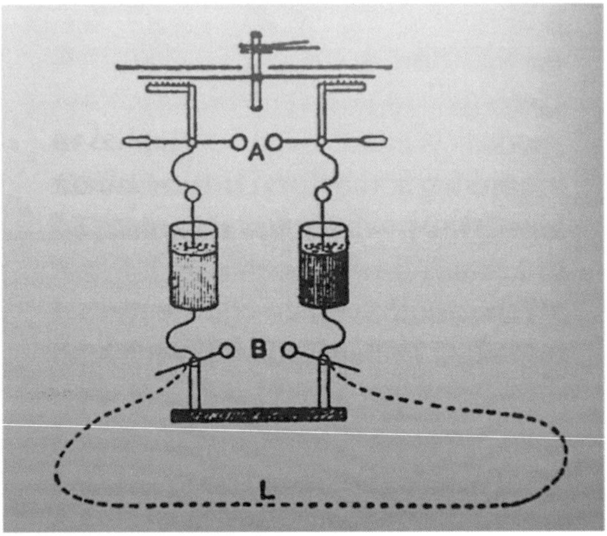

Experiment zur Klärung von Blitzschlägen

Die Experimente zeigten Lodge, dass auch bei noch so kleinem Widerstand des Leitungsstückes es zu Funkenüberschlägen kommen konnte. Lodge nahm dafür als Grund die Selbstinduktion der Leitung an, die durch die Oszillation der Hochspannung zu einem höheren Widerstand führte. Wie sich später herausstellte, war diese Annahme falsch, da ein Blitz vor allem ein Gleichstrom ist. Bei weiteren Versuchen mit der Voss-Influenzmaschine entdeckte Lodge etwas Neues: Wenn er entlang einer an die Funkenstrecke geschalteten Doppelleitung in bestimmten Abständen weitere Funkenstrecken anschaltete, so folgten an diesen auch Funkenüberschläge. Diese konnten als Beweis für die Ausbreitung einer elektromagnetischen Welle gedeutet werden. Oliver Lodge hatte damit vergleichbare mit den Ergebnissen von Heinrich Hertz, ebenfalls die elektromagnetischen Wellen entdeckt, allerdings solche, die sich auf einem Draht ausbreiteten. Von Lodge wurde aber stets die Priorität an dieser Entdeckung an Heinrich Hertz vergeben.

Übertragung elektromagnetischer Wellen

Wie bereits in dem einleitend erwähnt wurde, war Lodge hauptsächlich an der von Maxwell mit seinem „Treatise“ erfolgten mathematischen Erklärung des Lichtes als eine elektromagnetische Welle interessiert. Die mit dem Hertz´schen Oszillator erzeugten elektromagnetischen Wellen waren in ihrer Wellenlänge jedoch meilenweit von denen der Lichtwellen entfernt. Für den Empfänger konnten deshalb, seine Vorstellungen von einer „Electrical Retina“ kaum erfolgreich sein. Es galt andere Typen von Detektoren zu betrachten. Von den zahlreichen prinzipiell in Frage kommenden Arten erschienen für Lodge die Gruppe der „microphonic detectors“ besonders aussichtsreich zu sein. Davon wieder die vom französischen Physiker Edouard Branly 1890 entdeckten Detektoren auf der Basis von Eisenspänen zusammen mit dem von Lodge selbst erfundenen Punkt-Kontakt Detektors in Form des „Spiral-Kohärers“.

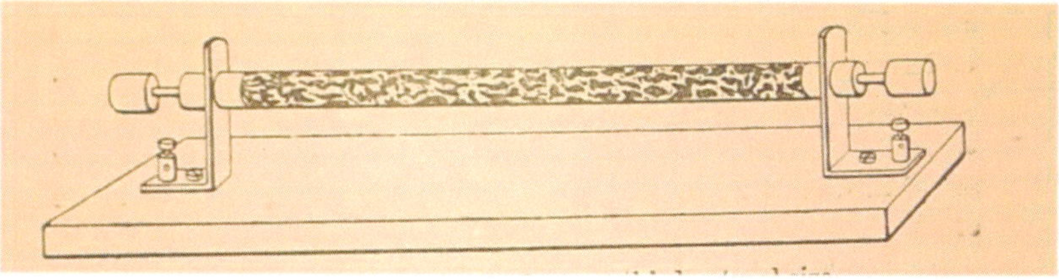

Branly Detektor bei Lodge (Lodge 1894)

Am 1. Juni 1894 hielt Oliver Lodge auf Einladung der „Royal Institution“ in London eine Vorlesung, die zu Ehren von Heinrich Hertz aus Anlass seines frühen Todes am 1. Januar 1894 veranstaltet wurde. In dieser führte er auch einen Versuch zur Übertragung elektromagnetischer Wellen durch. Als Sender benutzte Lodge einen Hertz´schen Oszillator, wobei nur ein Kugel-Konduktor, der zwischen der Funkenstrecke angeordnet war, verwendet wurde.

Im Empfänger scheint Lodge für diesen Versuch den Detektor von Branly in der von ihm modifizierten Form und nicht seinen “Spiral Kohäerer” verwendet zu haben. Zur Anzeige des Empfangs einer elektromagnetischen Welle diente offenbar ein gewöhnliches Nadel-Galvanometer. Der Sender war in der Bibliothek der Royal Institution aufgestellt, der Empfänger einige Räume weiter. Lodge konnte jedoch damit zeigen, dass elektromagnetische Wellen durch Mauern hindurch über einige Räume hinweg übertragen werden konnten.

Einen dazu ähnlichen Versuch konnte Oliver Lodge im Rahmen eines Vortrages bei der „British Association“ in Oxford im August 1894 durchführen. Diesmal wurde jedoch im Empfänger ein empfindliches Spiegelgalvanometer, wie dieses für Kabelmessungen in Verwendung stand, eingesetzt. Auch wurde diesmal eine automatische Unterbrechung des Stromes durch den Detektor (mit einer Art

Wagner´schen Hammer) am Empfänger angebracht und es konnten somit lange und kurze Signale (in der Art von Morsezeichen) über eine Distanz von mehr als 50 Metern übertragen werden. Obwohl damit bereits die Möglichkeit einer „drahtlosen Telegraphie“ im Raum stand, hat Lodge diesbezüglich weder bei seinem Vortrag in London und auch nicht bei dem in Oxford, eine Bemerkung gemacht. Beide Versuche wurden allgemein als physikalische Experimente betrachtet. Oliver Lodge hat wohl durch seine physikalischen Experimente eine Vorarbeit für die spätere Nutzung der elektromagnetischen Wellen im Rahmen der drahtlosen Telegraphie geleistet. Hatte aber eine solche Anwendung nicht verfolgt. Diese blieb später dem Italiener Guigielmo Marconi und dem aus Europa nach Amerika ausgewanderten Nikola Tesla vorbehalten.

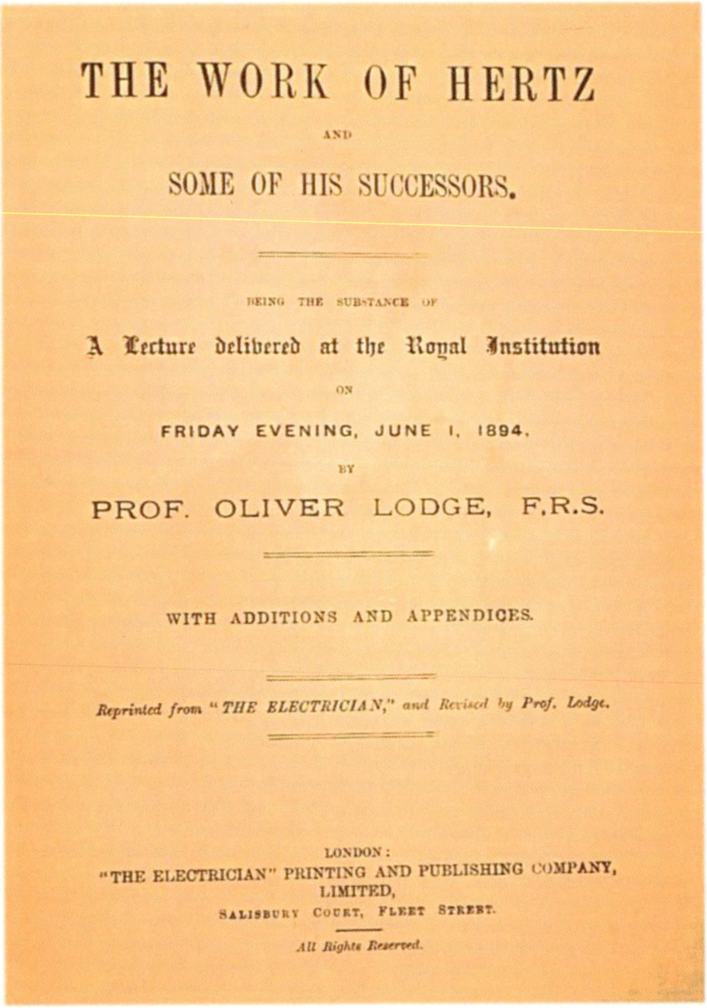

THE WORK OF HERTZ

AND

SOME OF HIS SUCCESSORS.

BEING THE SUBSTANCE OF

A Lecture delivered at the Royal Institution

ON

FRIDAY EVENING, JUNE 1, 1894.

BY

PROF. OLIVER LODGE, F.R.S.

WITH ADDITIONS AND APPENDICES.

Reprinted from "THE ELECTRICIAN," and Revised by Prof. Lodge.

LONDON:
"THE ELECTRICIAN" PRINTING AND PUBLISHING COMPANY, LIMITED,
SALISBURY COURT, FLEET STREET.

All Rights Reserved.

Publikation der Experimente von Lodge vom Jahre 1894

A3 Erfindung der drahtlosen Telegraphie durch Marconi

Die Geschichte der Erfindung der drahtlosen Telegraphie durch Marconi ist gut bekannt. Guglielmo Marconi, geboren am 25. April 1874 in Bologna, war von Jugend an sehr interessiert an den Gebieten Physik und Chemie und führte zuhause experimentelle Versuche durch. Später besuchte er gelegentlich auch die Vorlesungen zur Elektrizität von Professor Righi an der Universität Bologna. Im Jahre 1894 brachte ihn ein Artikel von Righi, der die Hertz'schen Experimente behandelte, auf den Gedanken, diese als Grundlage zur Realisierung eines Telegraphiesystems heranzuziehen. Dies führte ihn schließlich Ende 1895 zur Entwicklung seines bekannten Funksystems, das er Mitte 1896 in England der Postanstalt mit Erfolg vorführte. Dessen Funktion kann etwa folgendermaßen skizziert werden:

Der Sendeteil besteht im Wesentlichen aus einem Funkeninduktor, daran angeschlossen eine Funkenstrecke, so wie sie von Righi entwickelt worden ist. Mit einer Morsetaste kann der Funkeninduktor, der von einer galvanischen Batterie gespeist wird, in Betrieb genommen werden, wobei die Funkenstrecke über eine angeschlossene Antenne elektromagnetische Wellen im Takte der Morsezeichen in den Raum sendet. Im Empfänger ist an die Antenne ein mit Nickel/Silber-Feilspänen gefülltes Glasröhrchen, der Kohärer (deutsch „Fritter"), angeschlossen. Dieses stellt bei Eintreffen einer elektromagnetischen Schwingung einen Kontakt her, über den ein empfindliches Relais eingeschaltet wird, das wiederum einen Morse-Schreibapparat unter Strom setzt. Da der Kohärer auch nach dem Ende der eingetroffenen elektromagnetischen Schwingung den Kontakt aufrecht erhält, muss zur „Demodulation" der Morsezeichen der Kontakt durch Rütteln des Kohärers unterbrochen werden. Dies wird mechanisch durch einen Wagner'schen Hammer (eine Art Gleichstromklingel) bewerkstelligt.

Guglielmo Marconi mit Righi Funkenstrecke und seiner „Black Box"

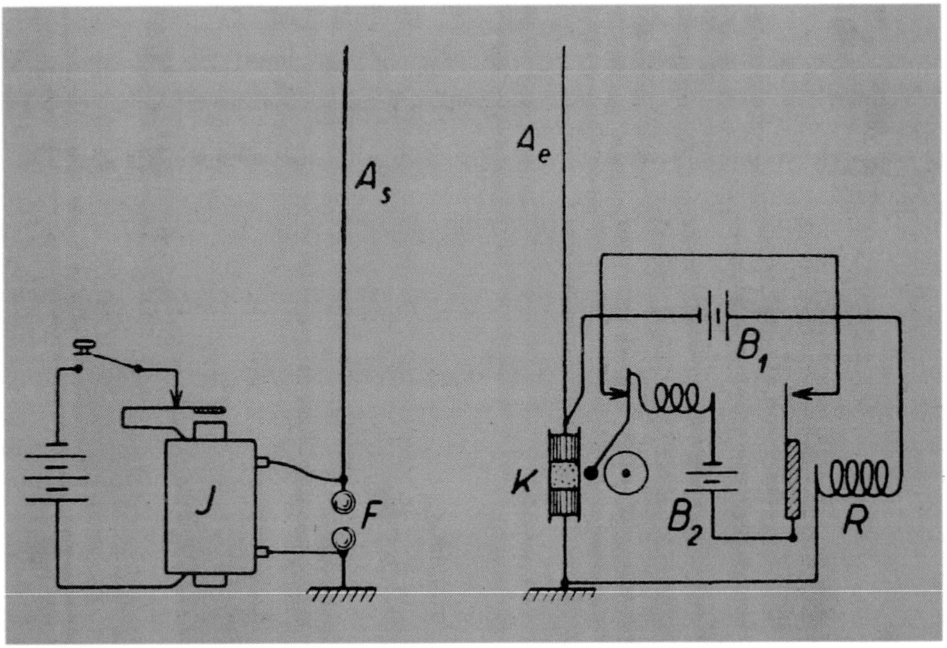

Marconi-Sender und Kohärer- Empfänger

J Funkeninduktor
F Funkenstrecke

K Kohärer-Röhre
R Kohärer-Relais
B1 Kohärer Batterie
B2 Dekohärer Batterie

Im Jahre 1896 übersiedelte Marconi nach England und fand dort bei der englischen Postverwaltung Interesse für seine Erfindung. Als wichtige Demonstration seiner Erfindung kann der im Mai 1897 gelungene Versuch einer Funkübertragung von der am Bristol Kanal gelegenen Stadt Cardiff zur Insel Flatholm über eine Distanz von 14 km gesehen werden. Als Sender benutzte Marconi dazu einen Funkeninduktor an dem eine Funkenstrecke von der Bauart, wie er diese von seinem Lehrer in Bologna, Professor Righi, kennengelernt hatte, angeschlossen war. Der Empfänger wurde von ihm mittels einer Branly Röhre und einer Gleichstromklingel die als „Dekohärer“ wirkte sowie einem damit betätigten Morse-Telegraphenapparat realisiert.

Erste Experimente in England am Bristol Kanal 1897

Marconi's wesentliche erfinderische Leistung bei seinem Funksystem bestand in der Anwendung einer Antenne, damals als „Luftdraht" bezeichnet, als Gegenpol zur Erde. Damit verbesserte er die Reichweite gegenüber seinen Konkurrenten, die mit anderen Antennen experimentierten, auf ein Vielfaches. Die von der englischen Post unter der Leitung von William Preece im Mai 1897 im Bristol Kanal durchgeführten Versuche brachten eine Reichweite von 9 Meilen; Marconi führte der italienischen Marine in La Spezia sein System vor und erreichte 12 Meilen für den Funkverkehr zwischen zwei Schiffen. Damit war die Bedeutung des Systems von Marconi für den praktischen Einsatz zur Realisierung einer „drahtlosen" Telegraphie gezeigt. Die folgenden Jahre dienten zur Weiterentwicklung und Ausgestaltung dieses Systems zur Erzielung größerer Reichweiten und eines zuverlässigen Betriebes. Als wichtige Entwicklung sei hier auf die „Abgestimmte Drahtlose Telegraphie" (engl. „Syntonic Wireless Telegraphy"), wie diese durch Marconi und Lodge in England entwickelt wurde. Marconi gründete in England die „Marconi Wireless Telegraph Company", die sich sehr erfolgreich entwickelte. Hauptziel war die Ausstattung von Schiffen und Landstationen mit Geräten zur drahtlosen Telegraphie.

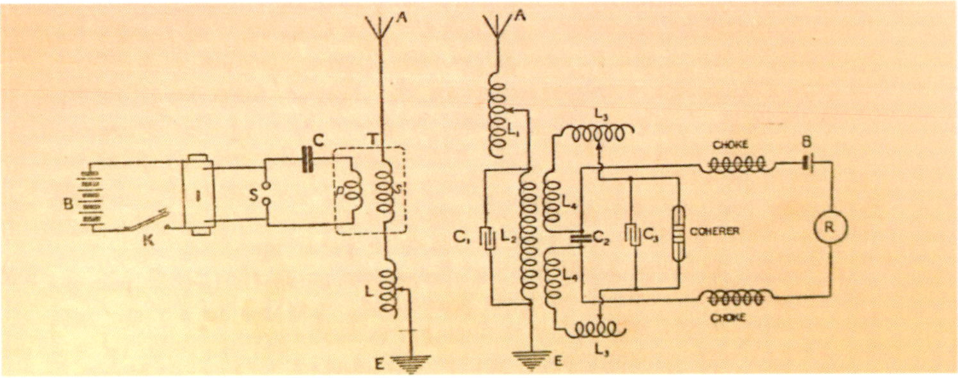

Schaltbild für die „Syntonic Wireless Telegraphy“

Die Überbrückung des Atlantischen Ozeans

War auch die Möglichkeit einer drahtlosen Telegraphie zwischen Schiffen und Küstenstationen (Leuchttürme), wie eine solche durch das Marconi-System nun möglich war, von großer praktischer Bedeutung, so war der Wunsch zwischen Europa und den Vereinigten Staaten von Amerika drahtlos telegraphieren zu können sehr groß. Es war klar, dass den international agierenden Kabelgesellschaften, allen voran die „Anglo-American Telegraph Company“ (später die britische Firma „Cable & Wireless“), die das Weitverkehrs-Festnetz in ihrer Hand hatten, mit der Erfüllung dieses Wunsches natürlich ein großer Konkurrent erwachsen würde.

Während die ersten Versuche von Marconi, den Experimenten von Hertz folgend, mit sehr kurzen Wellenlängen operierten, zeigte die spätere Entwicklung, dass die Reichweite mit der Wellenlänge zunahm. Trotzdem war man weitgehend der Meinung, dass mit elektromagnetischen Wellen, wegen deren geradlinigen Ausbreitung auf Grund der Erdkrümmung große Reichweiten nicht erreicht werden können. Eine Funkverbindung zwischen Europa und Amerika erschien als unmöglich. Marconi teilt nicht diese Meinung und startete ein Vorhaben, das als „Transatlantik Test“ in die Technikgeschichte einging. Als erstes galt es entsprechende Sendestationen zu errichten. In England wurde dazu als Ort Poldhu in Cornwall gewählt; in den Vereinigten Staaten wurde die Halbinsel Cape Cod im Staate Massachusetts ausgewählt. Die Konstruktion der Sendeanlage von Poldhu lag in den bewährten Händen des Professors für Physik, John Ambrose Fleming. Es galt, eine Sendeleistung von etwa 10-25 Kilowatt zu erreichen, eine Leistung, die mit der bisherigen eingesetzten Technologie auf der Basis von Funkeninduktoren zur Erzielung der notwendigen Hochspannung für die Funkenstrecke nicht realisiert werden konnte. Prof. Fleming setzt dafür zum ersten mal Hochspannungs-Dynamos ein, die von einem 25 PS Dieselaggregat betrieben wurden und eine Spannung von 20.000 Volt erzeugten. Des Weiteren wurden von Fleming anstatt der bisher üblichen Leydener Flaschen-Kondensatoren erstmalig Plattenkondensatoren, bei denen Glasplatten beidseitig mit Zinkblech belegt wurden, eingesetzt. Zur hochspannungsfesten Isolation wurden die Plattenkondensatoren in Ölbädern zu Batterien zusammen geschaltet. Vom Standpunkt der Physik war damit damals die Poldhu-Sendestation auf dem modernsten technologischen Stand. Beide Stationen bekamen große kegelförmige Antennen, um ein Funksignal von 25 Kilowatt mit vertikaler Polarisation damit auszusenden. Beide Sendeantennen wurden aber, bevor der Transatlantik-Test gestartet werden konnte, leider ein Opfer von Stürmen.

Sendestation für den Transatlantik Test in Poldhu

In Poldhu wurde daraufhin eine einfache Konstruktion in Form einer fächerförmigen Antenne genommen und im Februar 1901 fertig gestellt. Die Antennenanlage bei Cape Cod, die kurz vor dem angesetzten Termin für den „Atlantic Test“ durch einen Sturm im Oktober zerstört worden war, wurde aufgegeben. Marconi beschloss, nach St. John auf Neufundland (Kanada) auszuweichen und die Empfangsantenne mittels eines Ballons oder eines Flugdrachens zu errichten. Am 6. Dezember 1901 kam Marconi mit seinem bewährten Mitarbeiter, G. S. Kemp, in St. John an und sie bezogen mit Genehmigung der kanadischen Regierung ein unbenutztes militärisches Gebäude am Signal Hill oberhalb des Ortes St. John. Die nächsten Tage galten der Einrichtung der Empfangsanlage und dem Eingraben der großen Zinkplatten zur Realisierung der Erdung. Mit der Station in Poldhu war vereinbart, dass vom 11. Dezember an, jeweils von 12 Uhr mittags Ortszeit für die Dauer von drei Stunden der Buchstabe „s", in Morsecode also 3 Punkte, gesendet werden sollte. Für den 11. Dezember wurde daher von Marconi und Kemp für den Empfang alles vorbereitet. Als Empfänger konnte nicht ‚wie ursprünglich für Cape Cod vorgesehen, die übliche frequenz-sensitive Schaltung der „Syntonic Wireless Telegraphy" nach dem britischen Marconi Patent Nr 7777 mit dem Nickel/Silber Kohärer samt Relais und Morse-Apparat nach dem gezeigten Bild eingesetzt werden. Stattdessen wurde eine einfache Empfangsschaltung, wobei der von der italienischen Marine von Solari entwickelte selbstunterbrechende Detektor zur Anwendung kam, verwendet. Damit konnte wohl kein Schreibempfang mit einem Telegraphenapparat geschehen, jedoch war ein Hörempfang mittels eines Bell-Telephons möglich.

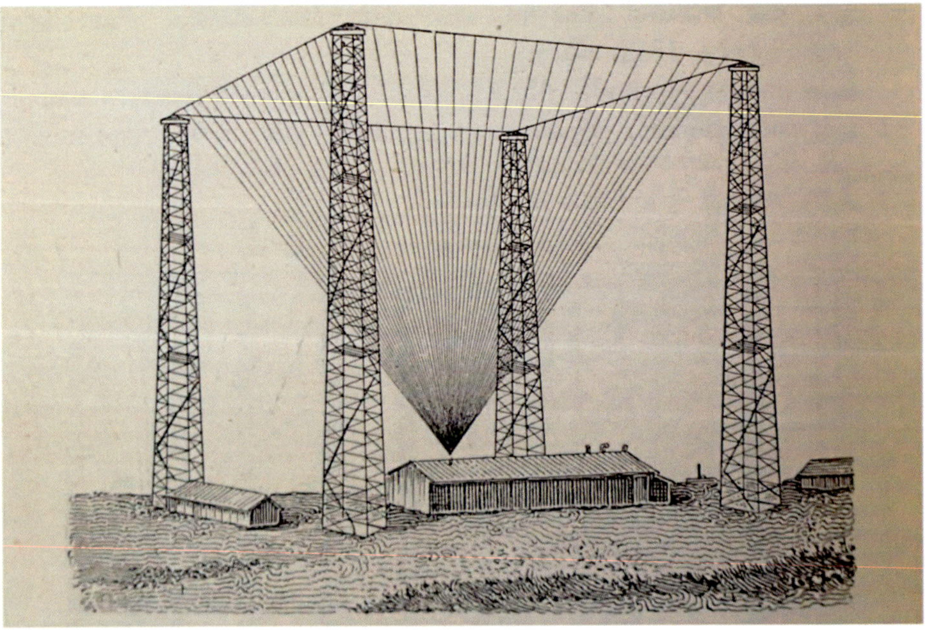

Poldhu-Station mit Kegel-Antenne

Für die Antenne war in St. John zuerst ein Ballon vorgesehen. Am 11. Dezember war aber der Wind so stark, dass er den Ballon losriss. Am 12. Dezember wurde die Antenne daher mittels eines Flugdrachens hochgezogen. Um 12 Uhr 30, 13 Uhr 10 und um 14 Uhr hörte Marconi, wie er im Tagebuch festhielt, die Morsezeichen für den Buchstaben „s", also drei Punkte. Um ganz sicher zu gehen, wurde dieser Empfang auch am nächsten Tag bestätigt.

Antenne mit Flugdrachen in St. John

Marconi mit seiner in St. John realisierten Empfangseinrichtung

Der „Transatlantik-Test“ in Form einer telegraphischen drahtlosen Übertragung von Morsezeichen von Poldhu (England) nach St. John (Kanada) über eine Distanz von 2.170 Meilen (ca. 3500 km) war damit erfolgreich bestanden. Dieses Ereignis, das ein neues Zeitalter der Kommunikation mittels elektrischer Mittel einleitete, wurde auch anschließend gebührend gefeiert. Das „American Institute of Electrical Engineers“ veranstaltete zu Ehren von G. Marconi ihr „Annual Dinner“, an dem so prominente Vertreter der Elektrotechnik wie Alexander Graham Bell, Charles Steinmetz und Michael Pupin teilnahmen. Thomas Alva Edison und Nikola Tesla sandten Glückwunschtelegramme.

A4 Entwicklung der drahtlosen Telegraphie in Deutschland

In Deutschland wurden die Erfolge, die von Marconi und seiner Firma in England erzielt wurden natürlich verfolgt. Die drahtlose Telegraphie war für das damalige Kaiserreich auch von militärischem Interesse. Im Folgenden soll versucht werden, wichtige Stufen der technischen Entwicklung der drahtlosen Telegraphie, wie diese an deutschen Universitäten unternommen wurden, behandelt werden. Es geht dabei hauptsächlich um die dafür entwickelten Geräte zur Realisierung und zum Betrieb der Sende- und Empfangsstationen.

Funkexperimente durch Professor Slaby

Adolf Slaby, Professor für Elektrotechnik an der Technischen Hochschule Berlin-Charlottenburg nahm auf Einladung seines britischen Kollegen Professor Gisbert Kapp an den Versuchen von Marconi im Jahre 1897 am Bristol Kanal teil. Zurück in Berlin konnte er zusammen mit seinem Assistenten Graf von Arco die Versuche wiederholen. Als Antenne benutzte Slaby einen mittels eines Fesselballons hochgezogenen Draht. So konnte bereits im Jahre 1897 telegraphisch die Entfernung von 21 km und im Jahre 1898 bereits die Entfernung von 60 km überbrückt werden. Die erzielten Resultate veröffentlichte Slaby in dem Buch „ Die Funkentelegraphie“, das international als erstes Buch zum Gebiet der Drahtlosen Telegraphie angesehen werden kann.

Prof. Adolf Slaby

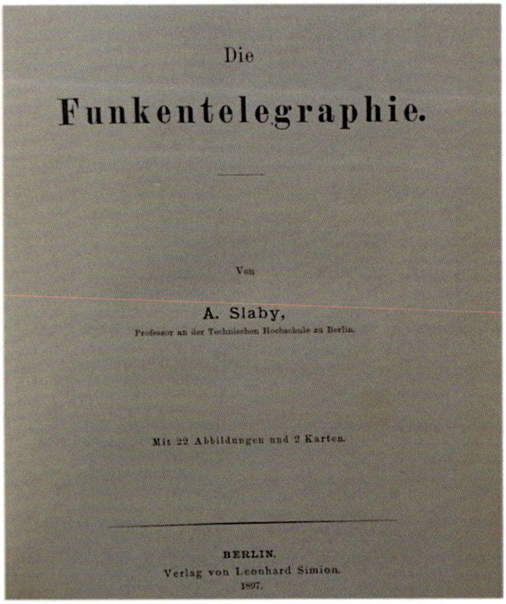

Die

Funkentelegraphie.

Von

A. Slaby,

Professor an der Technischen Hochschule zu Berlin.

Mit 22 Abbildungen und 2 Karten.

BERLIN.

Verlag von Leonhard Simion.

1897.

Die Funkentelegraphie,1897

Zusammenarbeit mit der Firma AEG

Für die weitere Arbeit erhielt Slaby die Unterstützung der Firma AEG. Als Resultat entstand der „Flaschen Sender“. Dieser bestand aus einer auf einem Zylinder aus Isoliermaterial gewickelten Spule, einem „Solenoid“ also, in dessen Inneren die notwendigen Leidener Flaschen radial angeordnet waren. An der Spitze wurde die Knallfunkenstrecke montiert.

“

AEG Knallfunken-Station

Die im Bild gezeigte Knallfunken-Station setzt sich aus folgenden Bestandteilen zusammen;

(1) Der Sender besteht aus einem Funkeninduktor (an der Wand) mit Quecksilberunterbrecher (unten links am Boden) und Morsetaste (am Tisch) sowie aus dem Flaschensender (ganz links am Tisch)

(2) Der Empfänger ist zweifach ausgeführt, nämlich als Kohärer-Empfänger mit Telegraphenapparat zur Registrierung der empfangenen Morsezeichen (rechts am Tisch) und als Kristall-Detektorempfänger mit auswechselbaren Spulen und zwei Drehkondensatoren zur Abstimmung.

Bereits im Jahre 1902 konnten 30 Kriegsschiffe der deutschen Marine mit solchen Stationen mit einer Senderleistung von 3 kW ausgestattet werden. Als Wellenlängen wurde der Bereich von 300- 1700 Meter belegt. Für Handelsschiffe, die mit solchen Sendern ausgestattet wurden, wurde die Wellenlänge mit 365 Meter, ab 1906 aber mit 350+/-30 Meter festgelegt. Die Reichweite dieser Sender betrug ca. 120 km.

Funkexperimente durch Professor Ferdinand Braun

Ferdinand Braun, Professor für Experimentalphysik an der Universität Strassburg interessierte sich für die durch Marconi neu geschaffene Technik der drahtlosen Übertragung von Morsezeichen und begann mit Experimenten „durch Wasser und Luft“. Bereits im Jahre 1898 konnte er eine Verbesserung des Senders von Marconi dadurch erreichen, dass er den Schwingkreis des Senders, nicht wie bisher galvanisch sondern induktiv an die Antenne anschloss. Durch die damit mögliche Anpassung wurde eine größere Sendeleistung erreicht. Braun konnte im Jahre 1900 erfolgreiche Versuche zwischen Cuxhaven und Helgoland (63 km) und im Jahre 1902 zwischen Rügen und Köslin (165 km) durchführen. Professor Braun erhielt für seine technisch-wissenschaftliche Forschung die Unterstützung der Firma Siemens & Halske Berlin.

Prof. Ferdinand Braun

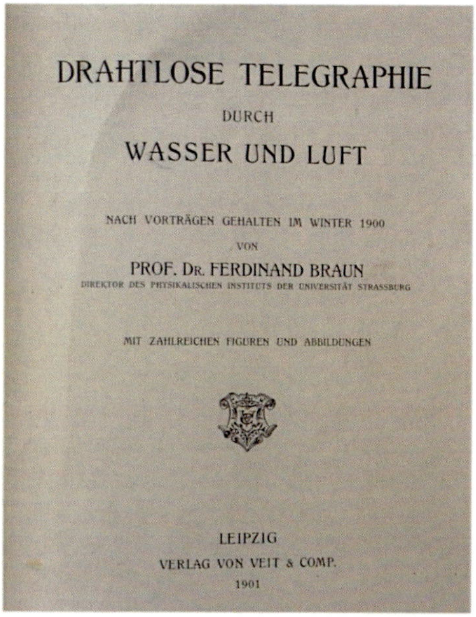

DRAHTLOSE TELEGRAPHIE

DURCH

WASSER UND LUFT

NACH VORTRÄGEN GEHALTEN IM WINTER 1900

VON

PROF. DR. FERDINAND BRAUN

DIREKTOR DES PHYSIKALISCHEN INSTITUTS DER UNIVERSITÄT STRASSBURG

MIT ZAHLREICHEN FIGUREN UND ABBILDUNGEN

LEIPZIG

VERLAG VON VEIT & COMP.

1901

Drahtlose Telegraphie, 1901

Siemens-Braun Station für drahtlose Telegraphie

Die Station von Braun, wie diese in Zusammenarbeit mit der Firma Siemens & Halske, Berlin, im Bild gezeigt ist, besteht aus einem Knallfunken-Sender mit Funkenstrecke und hochspannungsfeste Leidener Flaschen (am Brett links zu sehen) zusammen mit einem Funkeninduktor mit Whenelt Unterbrecher (unten am Boden). Der Empfänger ist ein Kohärer-Empfänger mit Telegraphenapparat (am Brett rechts) zusammen mit einem Gegengewicht in Form eines Metallzylinders zur Herstellung der Verbindung zur Erde mittels Influenz (rechts unten).

Gründung der „Gesellschaft für Drahtlose Telegraphie“

Im Jahre 1903 kam es auf Grund einer kaiserlichen Empfehlung zum Zusammenschluss der AEG/Slaby-Arco Gruppe und der Siemens/Braun Gruppe und es wurde dafür die „Gesellschaft für Drahtlose Telegraphie“, später als „Telefunken“ bekannt, gegründet. Telefunken sollte in den nachfolgenden Jahren zu einer der international erfolgreichsten Firmen auf dem Gebiet der Funktechnik werden.

Graf von Arco

Firmen Logo Telefunken 1903-1917

Telefunken Knallfunken-Sender

Als eine der ersten Küstenstationen errichtete Telefunken für die Reichspost die Küstenstation Nordeich mit einem Knallfunken-Sender von 10 kW Sendeleistung. Eine Ring-Funken-strecke mit einem Radius von 50 cm zusammen mit 360 großen Leidener Flaschen bildeten dafür den Erregerkreis. Der Funkverkehr des Senders Nordeich geschah hauptsächlich mit den Schiffen der Reichsmarine. Regelmäßig zur Mittagszeit um 13 Uhr wurde ein Zeitsignal zur Regulierung der Schiffs-Chronometer und im Anschluss daran Wetterberichte und eventuell auch Sturmwarnungen gesendet. Für den Überseeverkehr, der große Reichweiten erforderte, wurde von Telefunken in Nauen, 40 km nordwestlich von Berlin gelegen, im Jahre 1906 eine Versuchsstation eingerichtet. Der Erregerkreis bestand hier auch aus 360 großen Leidener-Flaschen, einer Abstimmspule in Gestalt einer Spirale von versilberten Kupferrohren und einer Ring-Funkenstrecke. Die Speisung der Funkenstrecke erfolgte über vier parallel geschaltete Transformatoren mit in Serie eingeschalteten zwei Drosselspulen. Die Primärwicklung des Transformators war an einen 45 kW Wechselstromgenerator, der von einer Dampfmaschine von 35 PS betrieben wurde, angeschaltet.

Versuchssender für den Übersee-Verkehr in Nauen

Für Schiffsstationen wurde von Telefunken der bereits im System AEG/Slaby-Arco eingeführte Flaschen-Sender als Erregerkreis verwendet.

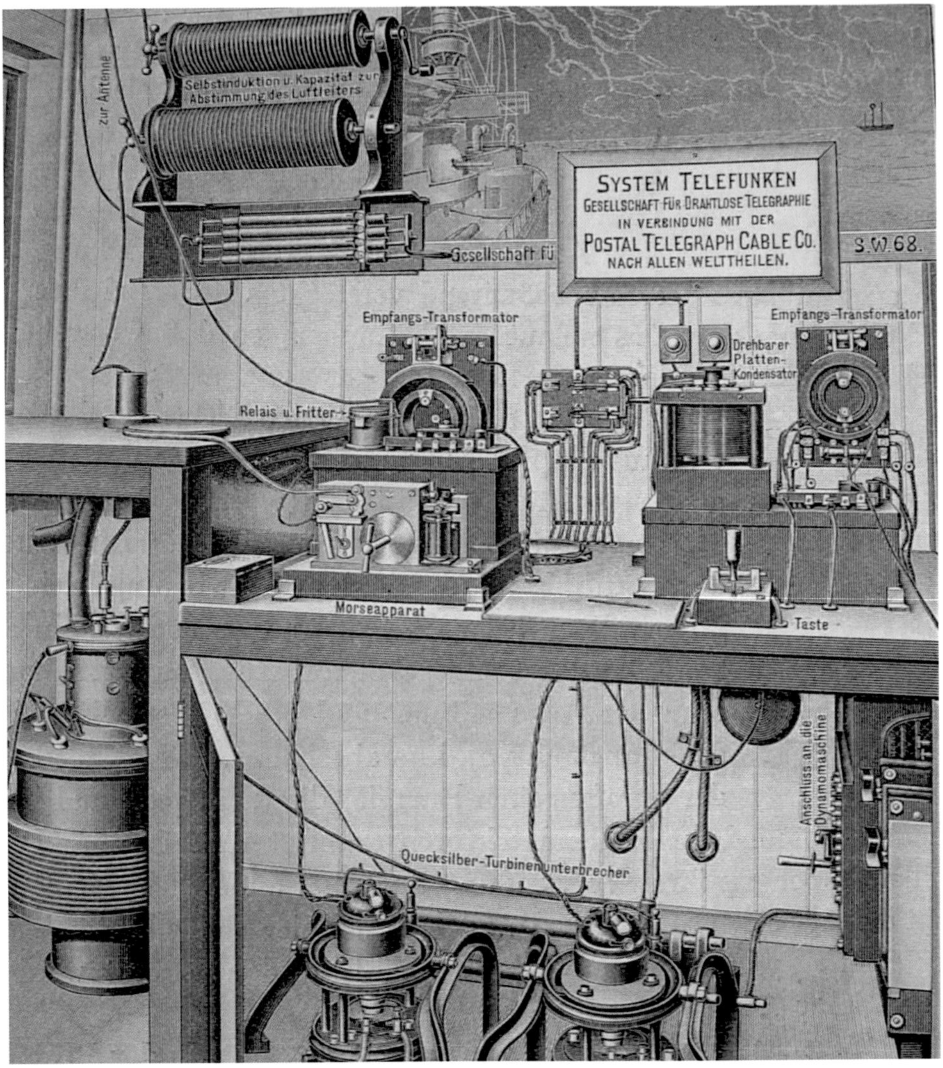

Telefunken Knallfunken-Schiffstation

A5 Bau von Hochfrequenzdynamos durch Alexanderson

Neben Nikola Tesla hatte sich in den USA noch ein weiterer Techniker und Erfinder mit dem Bau von Geräten zur maschinellen Erzeugung hochfrequenter Wechselströme befasst. Es war der aus Schweden im Jahre 1902 eingewanderte Ernst Fredrik Werner Alexanderson (1878- 1975). Alexanderson, geboren in Uppsala, Schweden, studierte Elektrotechnik and der Universität von Lund und an der Technischen Hochschule Stockholm (1896- 1900) um schließlich dieses Studium an der Technischen Hochschule Berlin- Charlottenburg (1900-1901) zum Abschluss zu bringen. Das Studium des Buches „Theory and Calculation of Alternating Current Phenomena" von Steinmetz begeisterte ihn. Als sich die Gelegenheit bot eine Stelle bei General Electric in deren Hauptsitz Schenectady, New York, zu bekommen, nahm er diese sofort an. Damit bot sich ihm die Gelegenheit den berühmten Autor des Buches, Charles Proteus Steinmetz, persönlich kennen zu lernen. Nach der Tätigkeit als technischer Zeichner (1902) kam er in die von Steinmetz geleitete Versuchsabteilung (1903). Dort befasste er sich vom Jahre 1904 an mit dem Bau von Wechselstromgeneratoren. Von dem aus Kanada stammenden Erfinder Reginald A. Fessenden bekam Gneral Electric den Auftrag eine Wechselstrommaschine zur Durchführung von Radioexperimenten zu bauen. Fessenden selbst hatte schon 1898 eine solche, die ein Ausgangssignal mit einer Frequenz von 15 kHz erzeugte, angefertigt. Bei General Electric wurde Alexanderson mit dem Auftrag betraut. Ziel war eine Maschine, die 100 kHz erzeugen sollte. Dies gelang leider nicht. Der um 1905 an Fessenden gelieferten Maschine war eine Grenze von etwa 75 kHz gesetzt. Trotzdem reichte dies für Fessenden aus, um im Jahre 1906 seine berühmte Weihnachtsübertragung, die als erste Radioübertragung gelten kann, durchzuführen. Bei dieser wurde nicht nur Musik gesendet sondern auch Sprache.

Hochfrequenzmaschine gebaut von Alexanderson für Fessenden 1905

Der praktische Erfolg dieser Hochfrequenzmaschine führte für General Electric zu weiteren Aufträgen. So konnte anschließend für den US Army Signal Corps und auch für die japanische Regierung eine 100 kHz Maschine mit 2 kW Ausgangsleistung gebaut werden.

Hochfrequenzmaschine für 100 kHz und 2 kW Ausgangsleistung

In Deutschland wurde 1912 von Rudolf Goldschmidt mit dem „Tonrad" eine neuartige Hochfrequenzmaschine erfunden. Ihre Anwendung war sehr erfolgreich, so dass damit im Jahre 1913 für den Funkspruchverkehr zwischen Deutschland und den Vereinigten Staaten eine Verbindung zwischen Eilvese (bei Hannover) und Tuckerton (New Jersey) eingerichtet werden konnte. Die dabei verwendete Hochfrequenzmaschine hatte eine Leistung von 200 kW. Die Marconi Company musste darauf reagieren. Bei einem Besuch von Marconi im Jahre 1915 bei General Electric besichtigte er auch das Laboratorium von Alexanderson, wo gerade ein Prototyp einer Hochfrequenzmaschine für 50 kHz mit einer Leistung von 50 kW entwickelt wurde. Marconi fand daran Interesse und es wurde zwischen der amerikanischen Marconigesellschaft und General Electric ein Vertrag zur Zusammenarbeit geschlossen. Im April 1917, gerade noch vor Eintritt der USA in den Ersten Weltkrieg, wurde der 50 kW Sender in New Brunswick in Betrieb genommen. Im Jahre 1918 bekam diese Station neue Alexanderson Maschinen mit einer Leistung von 200 kW für „telegraph and telephone traffic". Im Februar 1920 übernahm die neu gegründete „Radio Corporation of America" RCA alle Land- und Schiffsstationen der „American Marconi Company"

Mit dem Erfolg der von General Electric erzeugten Hochfrequenzmaschine und der Eingliederung in das RCA Imperium. bekam Alexanderson eine neue Aufgabe. Er war bei RCA nun für die gesamte Technik der Maschinensender zuständig.

Der „Alexanderson Sender“ bestand aus folgenden Komponenten:

1. der Wechselstrommaschine zur Erzeugung der Hochfrequenz
2. einem Reglersystem zur Konstanthaltung der Frequenz
3. einem Modulations-System für Telegraphie und Telephonie
4. einem mehrfach abgestimmten Antennensystem

Alexanderson hatte diese Komponenten durch eigene Patente gesichert (*High Frequency Alternator*, US Patent No. *1,008.577, Magnetic Amplifier* US Patent No. *1,206.643, Multiple Tuned Antenna* US Patent No. *1,360.168).* Die Wechselstrommaschine von Alexanderson bestand aus einem speziell geformten Rotor aus Stahl mit einer großen Zahl von eingelassenen hochpermeablen Lamellen am Rand des Rades. Diese erzeugten durch Induktion zwischen den korrespondierenden Ankerwicklungen und der Statorwicklung die Hochfrequenz. Zur Erreichung der notwendigen schnellen Umdrehungszahl diente zwischen dem Antriebsmotor und der Wechselstrommaschine ein Getriebe (die „Gear Box“) mit hoher Übersetzung. Die „digitale Modulation“ für Telegraphie wurde mittels eines Magnetverstärkers bewirkt. Das umfangreiche Antennensystem bestehend aus einer Aufeinanderfolge von hohen abgestimmten Stabantennen hatte eine Richtwirkung, so dass eine große Reichweite damit erzielt werden konnte.

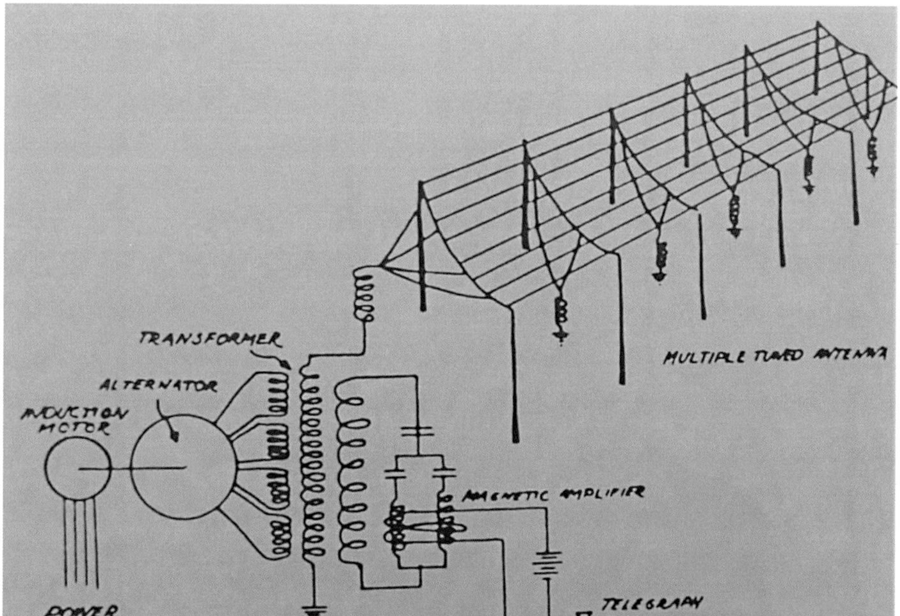

Prinzip-Schaltbild eines Alexanderson- Senders

RCA errichtete ab dem Jahre 1918 eine große Anzahl von Alexanderson-Stationen, davon zwölf in den USA, zwei in Großbritannien, zwei in Polen und zwei in Schweden, jeweils in doppelter Ausführung. Die Sendefrequenzen lagen alle im Bereich der Langwellen, zwischen 11.628 m (Marion, Mass. USA) und 21.127 (Warschau, Polen). Von all diesen Stationen ist nur mehr die schwedische Station in Grimeton, bei Varberg, vorhanden und zwar in betriebsfähigen Zustand. Einmal im Jahr wird zur Probe diese Station, die im Zweiten Weltkrieg eine wichtige Aufgabe erfüllte, in Betrieb genommen. Eine genaue Beschreibung der Grimeton Station wurde in jüngster Zeit von Bengt Svensson gegeben

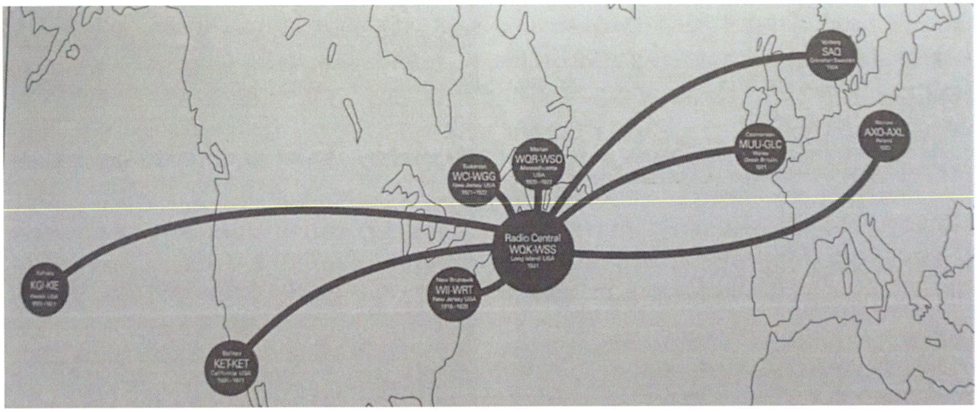

RCA Netz von Alexander-Sendestationen „von Hawai bis Warschau“ 1924

Maschinensatz bestehend aus Motor, Getriebe und HF-Dynamo

Hochfrequenzmaschine

Ausgangstransformatoren

Antennen-System

Schalttafel im Maschinenraum

Gebäude des Alexanderson-Senders in Grimeton (Varberg), Schweden

Schriften zu A5 „Hochfrequenz Dynamos von Alexanderson"

Bengt V. Nilson: Ernest Fredrik Werner Alexanderson.
English Translation, Enköping 2006

A Century of Progress. The General Electric Story 1876- 1978.
Schenectady, New York 1981

Bengt Svensson: 90 Years of pre-electronic VLF- transmission. SAC in the former RCA Commercial Net
The Antique Wireless Association Review, Volume 28, Bloomfield N.Y., 2015,pp. 221- 232

Anhang B

Das von Nikola Tesla geschaffene Werk fand auch außerhalb seines engeren Wirkungskreises Beachtung und Anwendung. Mit den hier im Folgenden angegebenen Schriften zur Anwendung seiner Methode zur Erzeugung hochfrequenter Ströme im Bereich der Medizin sowie die Erzeugung von Geräten zur Demonstration seiner Erfindungen im Unterricht an Schulen und Universitäten, soll dies gezeigt werden. Darüber hinaus wird zum Abschluss versucht, den Beitrag den sein Heimatland Serbien zum archivalischen und musealen Erhalt seiner Werke geleistet hat, darzustellen.

B1 Anwendung hochfrequenter Ströme in der Medizin

Schon seit Beginn der Entdeckung der Elektrizität und ihrer Wirkung auf den menschlichen Körper wurde versucht, diese auch für Heilzwecke anzuwenden. Jedoch erst die gegen Ende des 19, Jahrunderts eingeführten Methoden der „Galvanisation“, eine Therapie bei der man den menschlichen Körper unter Strom setzt, waren erfolgreich und bekamen in der Medizin eine Geltung. Bis heute gibt es bei den Ärzten solche Behandlungen. Mit der Entdeckung der elektromagnetischen Wellen und der Möglichkeit, diese zu erzeugen entstand mit der Diathermie, erfunden im Jahre 1908 durch den deutschen Arzt Karl Franz Nagelschmidt, eine neue elektrische Therapie. Es wurden dabei mittels Elektroden, die an einen Hochfrequenzgenerator angeschlossen waren, an einen Körperteil presste, erreichte man durch die damit erfolgte Durchstrahlung eine Erwärmung und damit eine heilende Wirkung. Diese Methode ist bis heute unter Verwendung von Kurzwellen und Dezimeterwellen in ärztlicher Anwendung.

Bereits im Jahre 1887 hatte jedoch der französische Arzt Jaques d´Arsonval mittels hochgespannter Wechselströme, erzeugt mittels eines Funkeninduktors, eine ähnliche Methode erfunden. Diese besteht darin, dass man daran angeschlossene Gasentladungsröhren, etwa in der Art der damals bereits gut bekannten Geisslerröhren, in die Nähe eines menschlichen Körpers bringt, erhält durch Büschelentladungen die Haut eine fühlbare Erregung. Damit wird eine bessere Durchblutung erreicht. Diese Therapie, d´Arsonvalisation genannt, wurde international bekannt, Es ist nicht bekannt ob Nikola Tesla davon Kenntnis hatte. Bekannt ist jedoch, dass er im Jahre 1898 in Buffalo, New York, vor Ärzten einen Vortrag hielt, in dem er auf die therapeutische Möglichkeit der Anwendung der mittels seiner Hochfrequenz-Oszillatoren erzeugten Schwingungen hinwies. Mit dem „Tesla Transformator“ war es möglich, solche Schwingungen auch mit relativ einfachen Funkeninduktoren zu erzeugen. Tatsächlich hat Tesla auch selbst ein solches Gerät entwickelt In den

USA und auch in Europa wurden diese „Tesla Geräte“ zum „Hausgebrauch“ für die private Anwendung bis in neuere Zeit produziert.

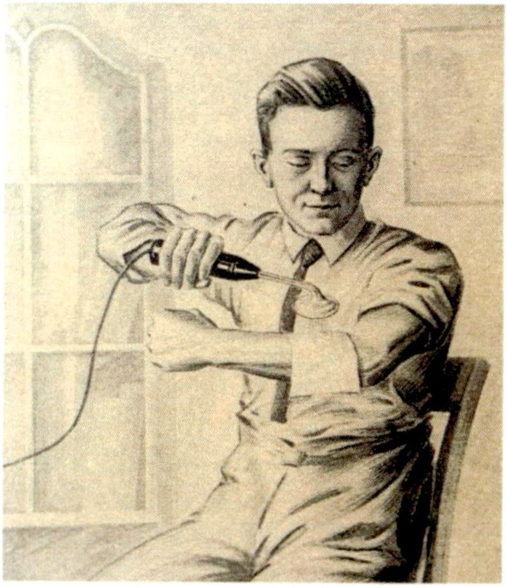

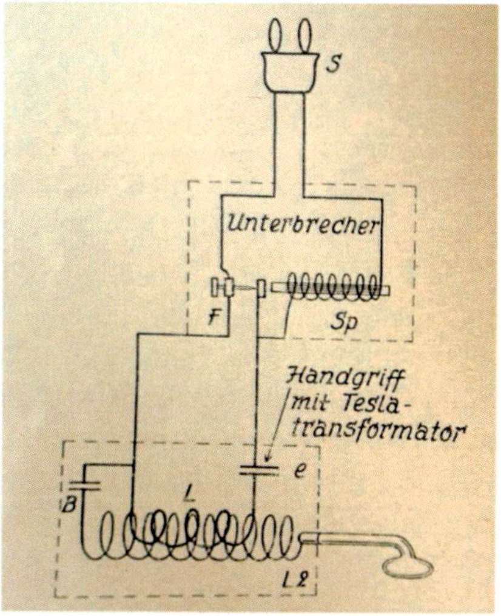

Anwendung eines „Tesla Gerätes“ Schaltbild eines „Tesla Gerätes“

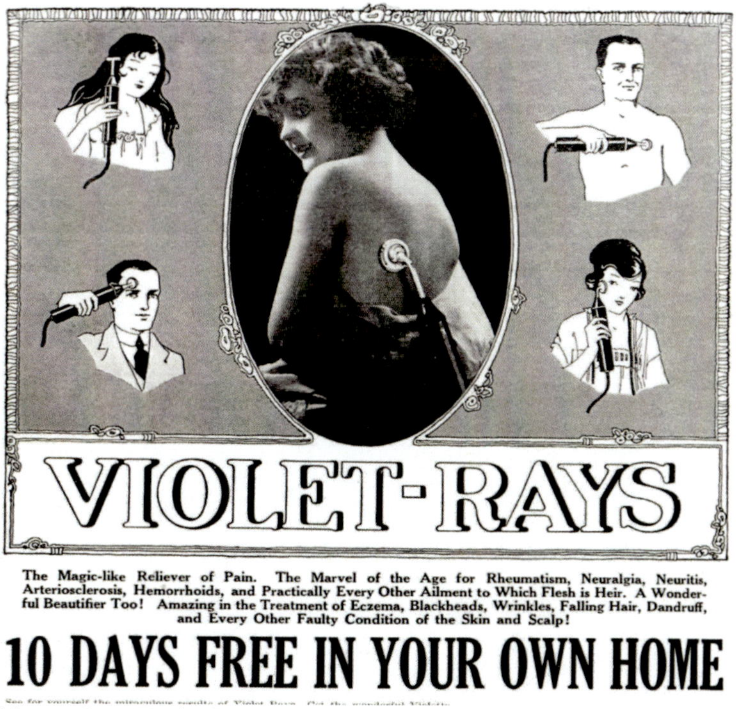

Reklame für „Tesla Geräte“ in dem amerikanischen Magazin „Electrical Experimenter“ 1919

Ergänzend kann aber hier in dieser Schrift noch ein Bericht aus dem örtlich lokalen Bereich des Verfassers angefügt werden. Es geht um das bis heute existierende „Institut Zeileis“ in Gallspach, Oberösterreich. Valentin Zeileis, der Gründer, kam in der Nachkriegszeit des Ersten Weltkrieges von Wien nach Gallspach. Er hatte dort ein altes Wasserschloss erworben. Bereits in Wien hatte er sich als Heilpraktiker einen Namen gemacht. Diese Tätigkeit setzte er in Gallspach weiter fort, so erfolgreich, dass schließlich Heilsuchende aus der ganzen Welt in den kleinen Ort Gallspach pilgerten. Der Ansturm in den 1920´er Jahren war so groß, dass es notwenig wurde neue Räumlichkeiten zu schaffen, die bis heute bestehen. Gallspach entwickelte sich zu einem lebendigen Kurort. Neben der Persönlichkeit von Valentin Zeileis und seiner Menschenkenntnis wurde ohne Zweifel der Erfolg durch die professionelle Anwendung der Methode der d´Arsonvalisation mit dem von Nikola Tesla dafür geschaffenen Instrumentarium erreicht. Die im Rahmen einer Behandlung zu absolvierende „elektrische Dusche“ (der Verfasser hat diese vor etwa 20 Jahren überlebt) kann noch immer als ein Höhepunkt bezeichnet werden.

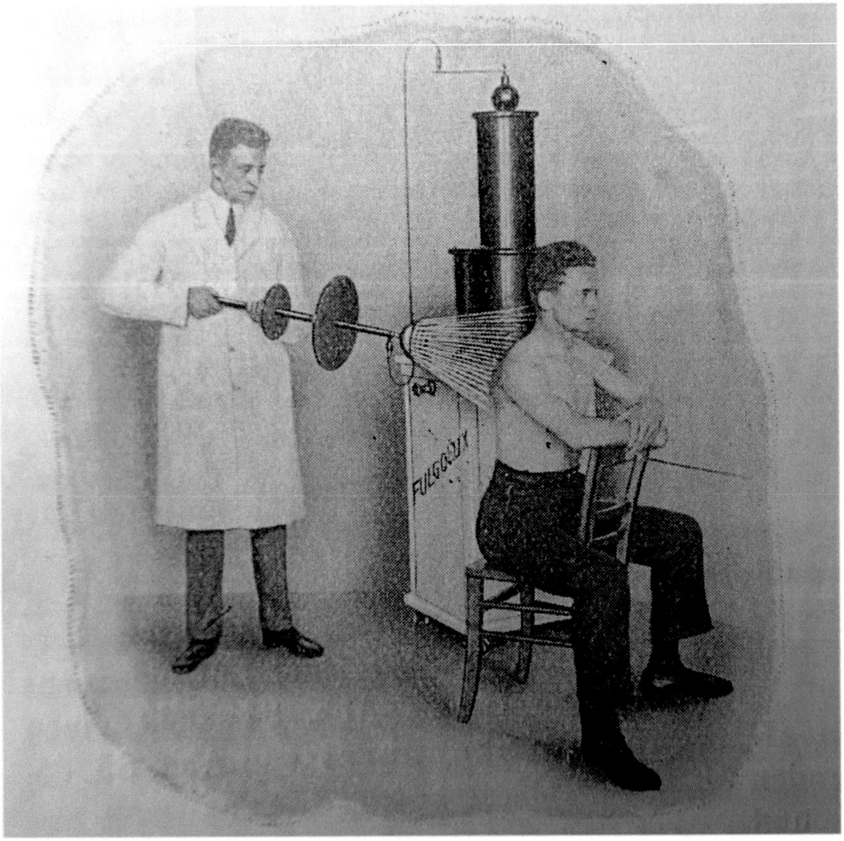

Patient beim „elektrisch duschen“

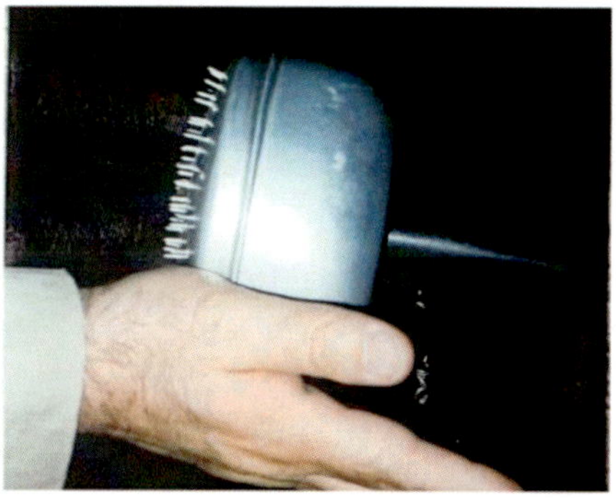

OMR Dr. Valentin Rana Zeileis bei der Behandlung eines Patienten (Peter Weibel) unter Verwendung der „elektrischen Dusche“

Historische Tesla Anlage im Privatmuseum des Instituts Zeileis

Das Institut Zeileis, das inzwischen in vierter Generation von Dr. Martin Zeileis geführt wird, verdankt sein Entstehen der Weitsicht des Gründers Valentin Zeileis, der die von d´Arsonval erfundene Methode mit den von Nikola Tesla geschaffenen Instrumentarium seinerzeit zu einem großen Erfolg geführt hat. Heute bietet das „Gesundheitszentrum Zeileis" zahlreiche moderne Therapien an, das Andenken an die früheren Jahre und an Nikola Tesla wird jedoch wach gehalten.

B2 Tesla Instrumente für den Unterricht

Die Erfindungen von Nikola Tesla blieben natürlich in Europa nicht unbekannt. Schon bald wurden diese von bekannten europäischen Vertretern der Physik und Elektrotechnik diskutiert und verbreitet. An den Schulen und Universitäten galt es die auf Tesla zurückgehenden neuen Entwicklungen im Unterricht aufzunehmen. Die bisherige Gleichstromtechnik wurde durch die Wechselstromtechnik erweitert, dem mit den Entdeckungen von Heinrich Hertz geschaffene Gebiet der elektromagnetischen Wellen wurden die Erfindungen von Tesla angefügt. Während in der ersten Zeit für die im Unterricht durchzuführenden Experimente die Lehrer und Professoren das dafür notwendige Instrumentarium sich selbst zusammenstellten, war es schon bald notwendig, dass diese von Lehrmittelerzeuger geliefert wurden.

In Deutschland und in Österreich, Länder in denen der Unterricht in Physik an den Gymnasien und Universitäten in diesen Jahren einen besonderen Stellenwert hatte, wurden die Erfindungen von Tesla besonders beachtet. Die Kataloge der Erzeuger von Lehrmitteln geben dafür ein deutliches Zeugnis. Im Folgenden soll dies durch die darin zu findenden Abbildungen demonstriert werden. Dazu stehen die Kataloge von Max Kohl, Chemnitz, Leybold´s Nachfolger, Köln-Berlin, Meiser & Mertig, Dresden, Reiniger, Gebbert & Schall, Erlangen und Steflitschek, Wien, hier zur Verfügung.

1. Max Kohl, Chemnitz

Es existiert dazu die 1131 Seiten starke Preisliste Nr. 50, Physikalische Apparate, Band II und III. Band III behandelt die Gebiete Magnetismus, Elektrizität, Radioaktivität.

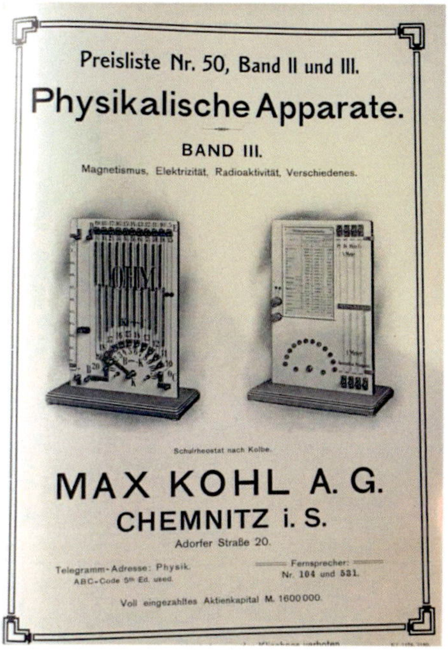

Katalog der Firma Max Kohl, Chemnitz

Drehstrommotor (Teslamotor)

Drehstrommotor und zweiphasiger Wechselstrommotor

62921. 1 : 6.

Teslamotor nach Weiler

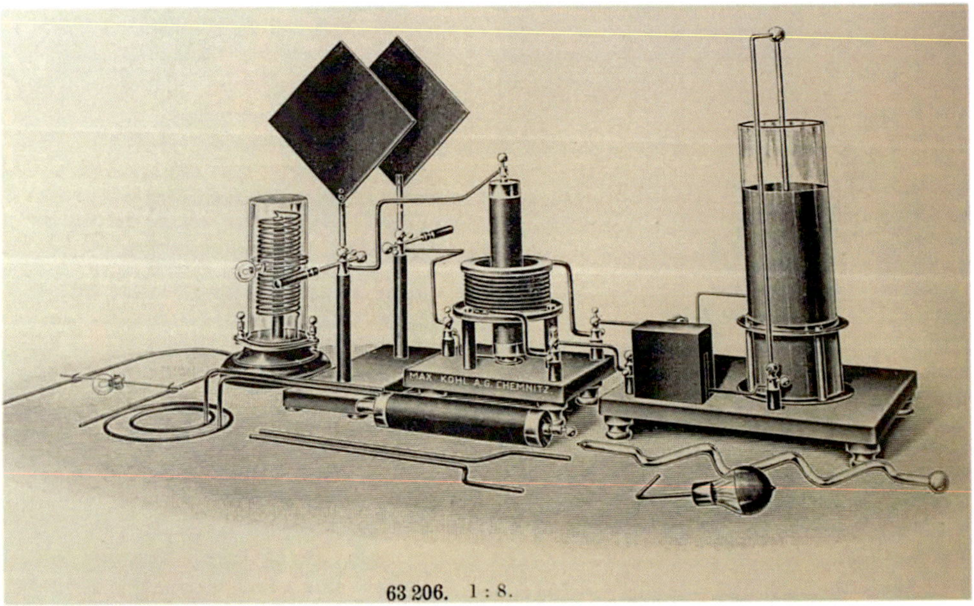

63206. 1 : 8.

Vollständiger Apparat für die Versuche mit Strömen hoher Wechselzahl und Spannung nach Tesla, mit Hochspannungstransformator nach Elster und Geitel

63 207. 1 : 6.

Leydener Flaschen-Batterie

63 208. 1 : 5.

Funkenmikrometer

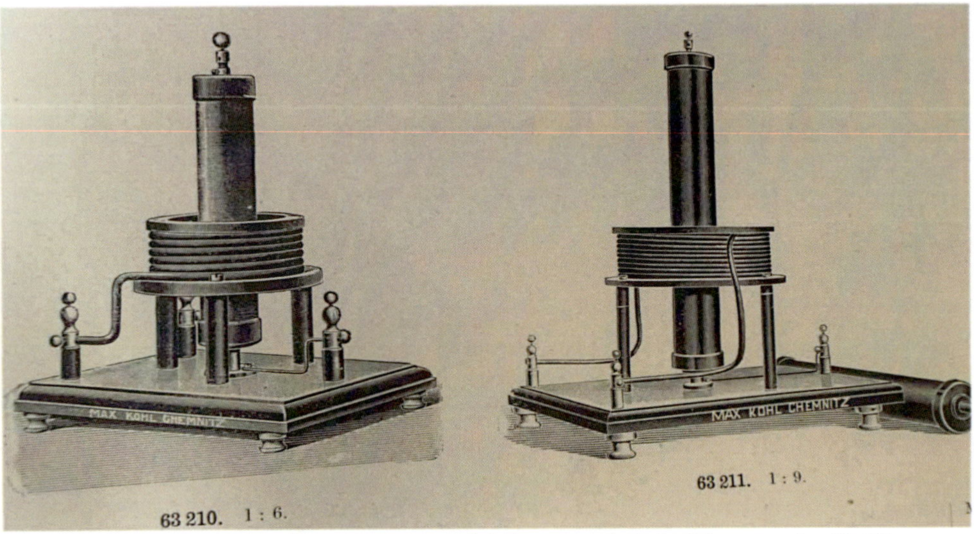

Hochspannungstransformatoren nach Elster und Geitel in versch. Größen

2. E. Leybold´s Nachfolger, Köln-Berlin

Es liegt der 461 Seiten starke Katalog aus dem Jahre 1929 vor

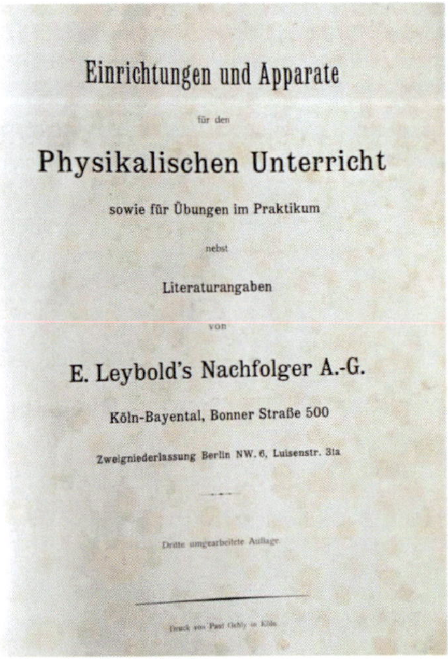
Einrichtungen und Apparate

für den

Physikalischen Unterricht

sowie für Übungen im Praktikum

nebst

Literaturangaben

von

E. Leybold's Nachfolger A.-G.

Köln-Bayental, Bonner Straße 500

Zweigniederlassung Berlin NW. 6, Luisenstr. 31a

Katalog von Leybold

4187, Seite 352.

Einphasen Wechselstrom Dynamomaschine

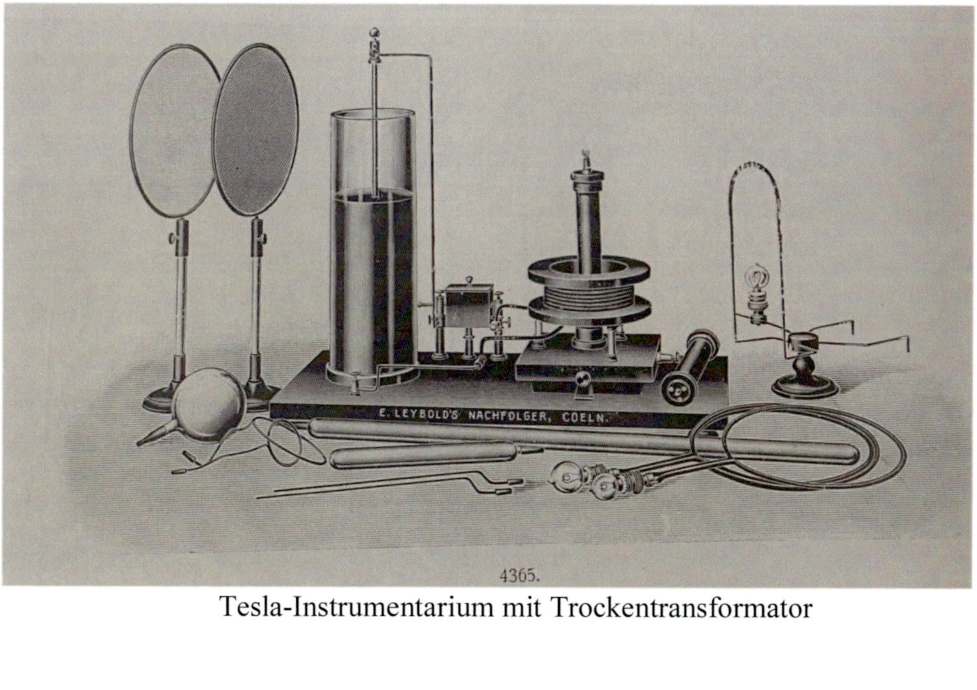

4365.

Tesla-Instrumentarium mit Trockentransformator

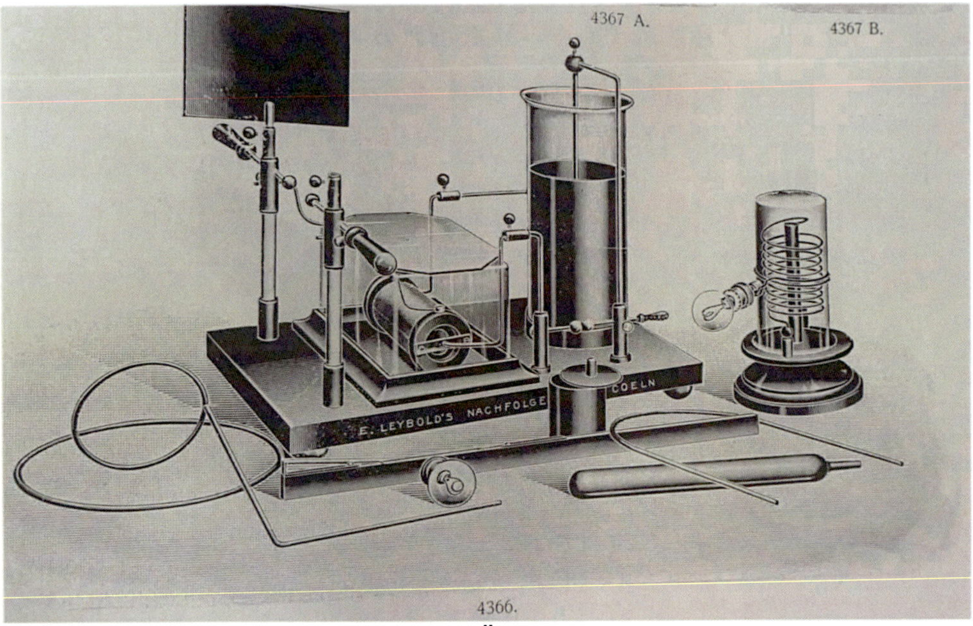

Tesla Instrumentarium mit Öltransformator nach Himstedt

Vollständiges Instrumentarium zur Demonstration Tesla´scher Versuche der Resonanz und der elektrischen Schwingungen nach Seibt

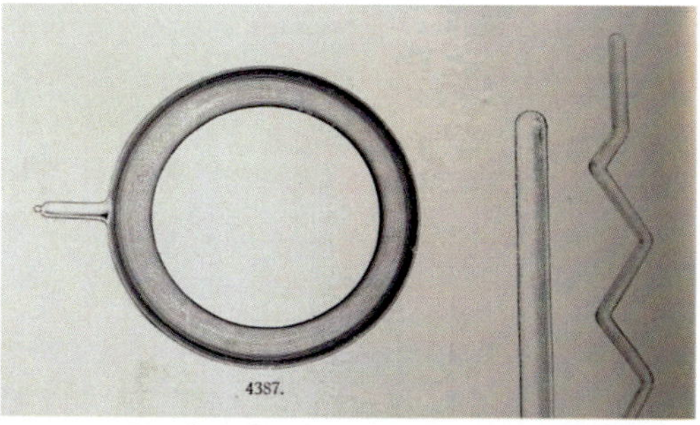

Teslaröhre und Vakuumröhren

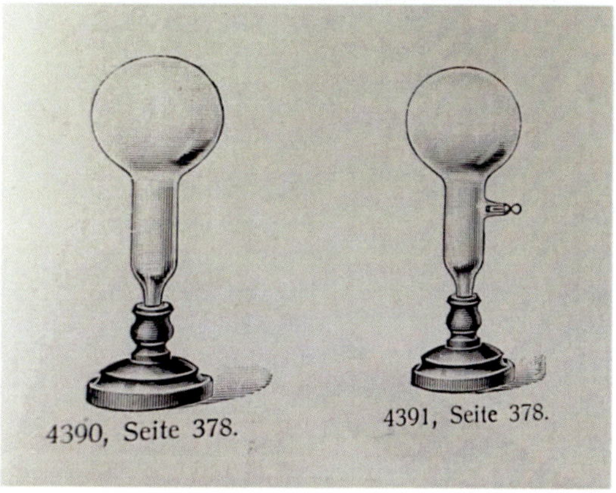

Vakuumkugel ohne und mit Elektrode

3. Physikalische Apparate von Meiser & Mertig, Dresden, 217 Seiten

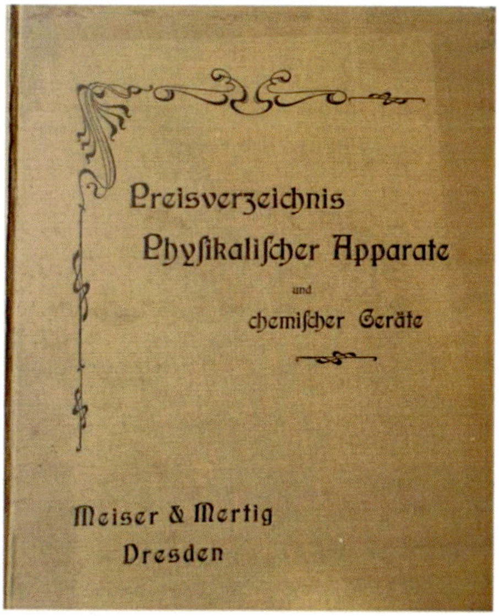

Katalog von Meiser & Mertig

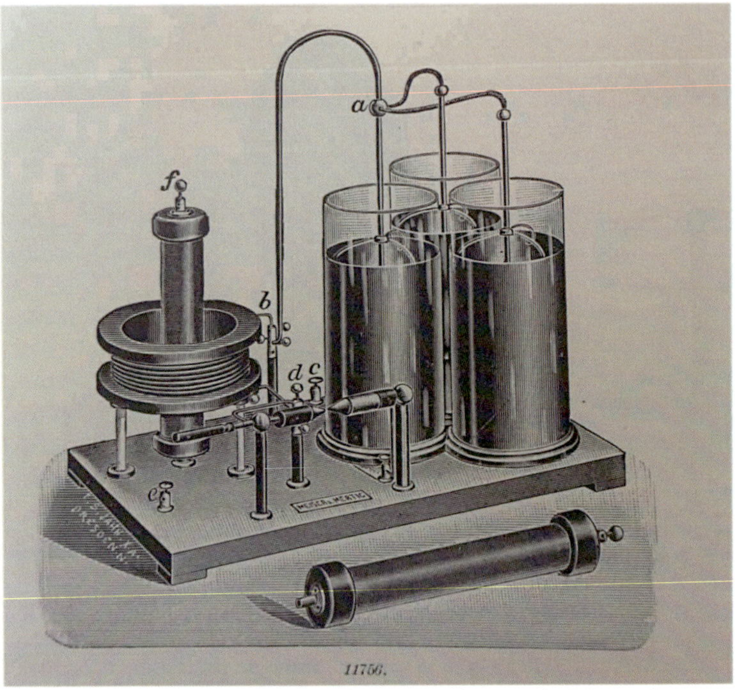

Hochspannungstransformator für Tesla Versuche

4. Katalog von Reiniger, Gebbert & Schall, Erlangen, 165 Seiten

ELEKTRO-MEDIZINISCHE
APPARATE
UND
IHRE HANDHABUNG.

SECHSTE AUFLAGE.

ERLANGEN 1897.

Katalog von Reiniger, Gebbert & Schall

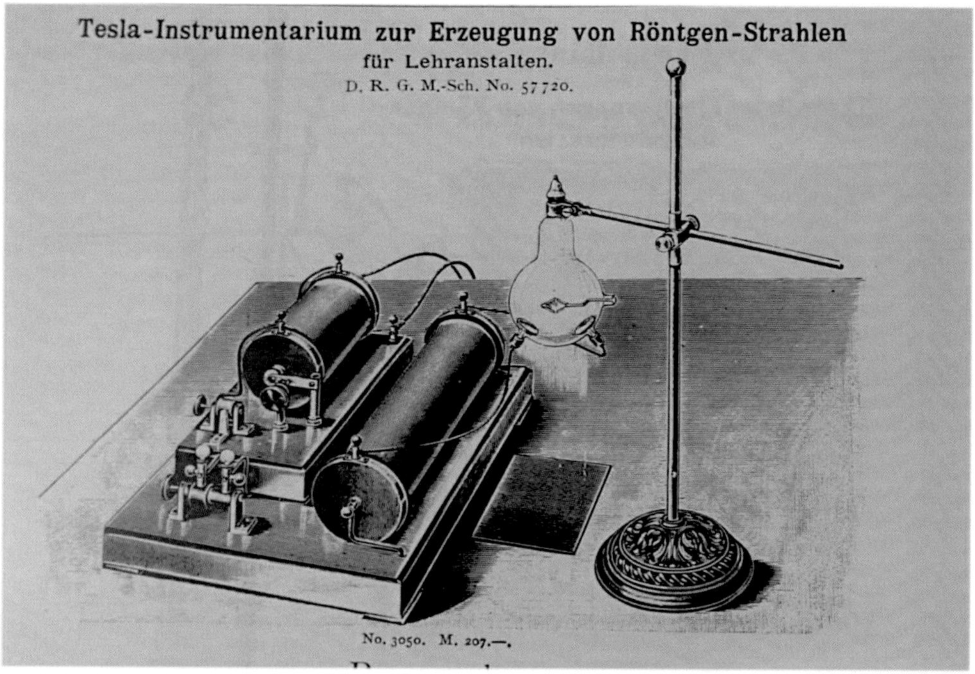

mit Induktorium mit Stromwender, Funkenmikrometer und Tesla Transformator

5. Katalog von Franz Steflitschek, Mechaniker, Wien, 216 Seiten

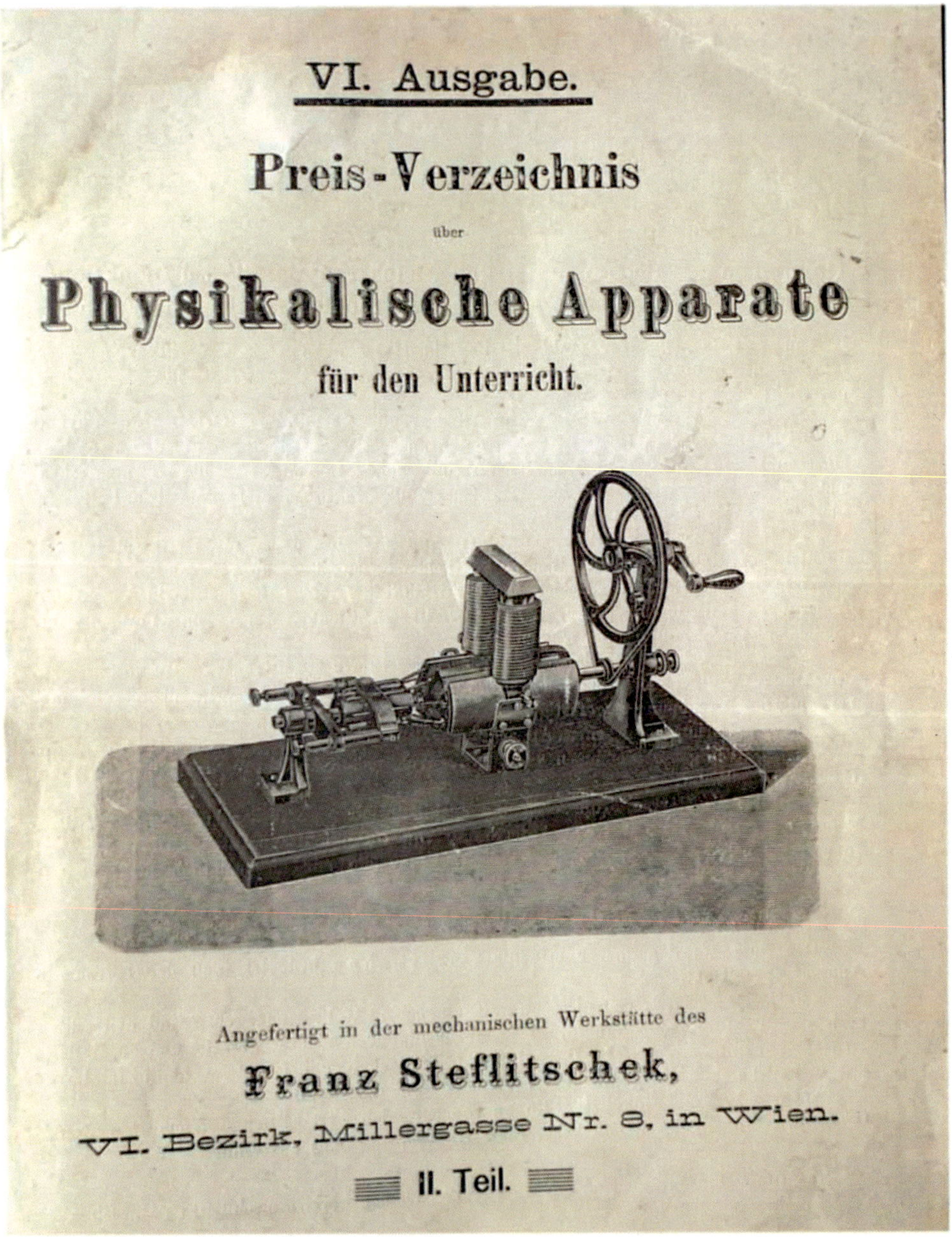

VI. Ausgabe.

Preis-Verzeichnis

über

Physikalische Apparate

für den Unterricht.

Angefertigt in der mechanischen Werkstätte des

Franz Steflitschek,

VI. Bezirk, Millergasse Nr. 8, in Wien.

II. Teil.

Katalog von Franz Steflitschek, Mechaniker in Wien

Nr. 1676 b. 1/5

Modell des Tesla´schen Zweiphasenmotors nach Weiler

Nr. 1677. 1/6

Drehstrom- Wechselstrom-Maschine

Abschließend sind aus dem Stefflitschek Katalog Modelle zur drahtlosen Telegraphie, die als Beispiel für die von Marconi eingesetzten Geräte gelten können, gezeigt..

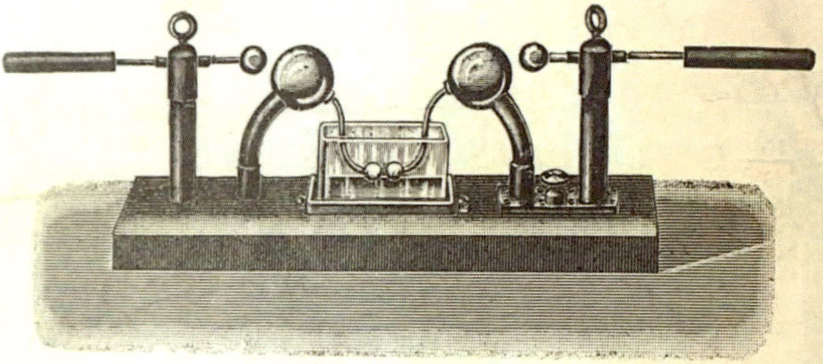

Nr. 1583. 1/5

N. 1585. 1/5

Righi-Sender nach Weinhold und Kohärer-Empfänger mit Branly´scher Röhre

Die Abbildungen von Tesla-Instrumenten, die aus den verschiedenen Katalogen der Lehrmittelerzeuger stammen, zeigen, dass die Erfindungen und die daran anschließenden Entwicklungen, die auf Nikola Tesla zurückgehen, zu einem festen Bestandteil des Unterrichts an deutschen und österreichischen Schulen und Universitäten geworden sind.

B3 Nikola Tesla Museum in Belgrad

Nikola Tesla hinterließ nach seinem Tod im Jahre 1943 einen umfangreichen Nachlass. Er war über die Jahre von Tesla in Kisten bei einer New Yorker Firma eingelagert worden. Nach der Begleichung der Kosten von 297 Dollar für die Lagerung durch Teslas Neffen Sava Kosanovic, später Botschafter für Jugoslawien in den USA, wurde der Nachlass im Jahre 1952 nach Belgrad überführt. Dies führte dort sogleich zur Gründung des „Nikola Tesla Museums" mit der Aufgabe, den Nachlass zu sichten und museal zu verwalten. Das Museum konnte bereits zu Beginn des Jahres 1955 eröffnet werden. Wesentliche Teile des Nikola Tesla Museums sind mit dem dort eingerichteten Archiv, den vorhandenen Sammlungen und den öffentlich zugänglichen Schauräumen, in dem das Leben und die Erfindungen gezeigt werden, gegeben Darüber hinaus hat sich das Museum die Gestaltung von Ausstellungen zu Nikola Tesla und die Herausgabe von Publikationen zu seinem Werk zur Aufgabe gestellt.

Nikola Tesla Museum in Belgrad

Das Archiv, das aus insgesamt mehr als 150.000 Seiten von schriftlichem Material besteht, wurde im Nikola Tesla Museum in 6 Teile geordnet. Diese sind:

A originale Schriften (Handschriften ,Patente, u.a.)
B Korrespondenzen (Briefe, Grußkarten u.a.)
C Private (Dokumente, Diplome u.a.)
D Bilder und Fotos (Familienbilder, eigene Porträts u.a.)
I Finanzdokumente (Schecks, Schuldscheine, Mahnungen u.a.)
J Sonstiges

Die aus dem Nachlass stammenden Sammlungen wurden in folgende Teile geordnet:

1 Kleidungsstücke
2 Auszeichnungen, Medaillen, Ehrendiplome
3 Persönliche Dokumente
4 Kleinere Objekte für den Gebrauch
5 Instrumente aus den Laboratorien
6 Prototypische Modelle zu Erfindungen

Für das Museum mussten geeignete Modelle zur Demonstration der verschiedenen Erfindungen erstellt werden. Im Ganzen waren dies 13 Modelle. Hier sollen davon nur der „induction motor with disc rotor", der „ induction motor with short circuit rotor" und das „radio controlled boat") angeführt werden.

Modell des funkgesteuerten Bootes im Nikola Tesla Museum

Eine wichtige Tätigkeit des Nikola Tesla Museums besteht in der Gestaltung und Durchführung von Wander- Ausstellungen zum Leben und Werk von Nikola Tesla. Solche wurden im Zeitraum von 1958- 2003 in 23 Städten veranstaltet, so z.B. in Adelaide (1986), New York-Long Island (1976), Wien (1982), Budapest (1993), Hannover (1988), Moskau (1973, 1986), Niagara Falls (1976), Triest (1973). Anlässlich des 150. Geburtstages von Nikola Tesla im Jahre 2006 wurde dazu die Ausstellung "Tesla´s Wonderful World of Electricity" in Belgrad, Perth, Straßburg, Vancouver, Paris und Mulhouse gezeigt und dazu auch ein Katalog erstellt.

Katalog zur Wanderausstellung zum 150. Geburtstag von Nikola Tesla

Als weitere wichtige Tätigkeit des Nikola Tesla Museums kann die Herausgabe von Büchern und Katalogen angeführt werden. Das durch den Nachlass vorhandene Material motivierte die Herausgabe zahlreicher Kataloge. Als Beispiel sei der Katalog der Sammlung von Magazinen, die Tesla besaß, der zum 150. Geburtstag von Nikola herausgegeben wurde, hier angeführt.

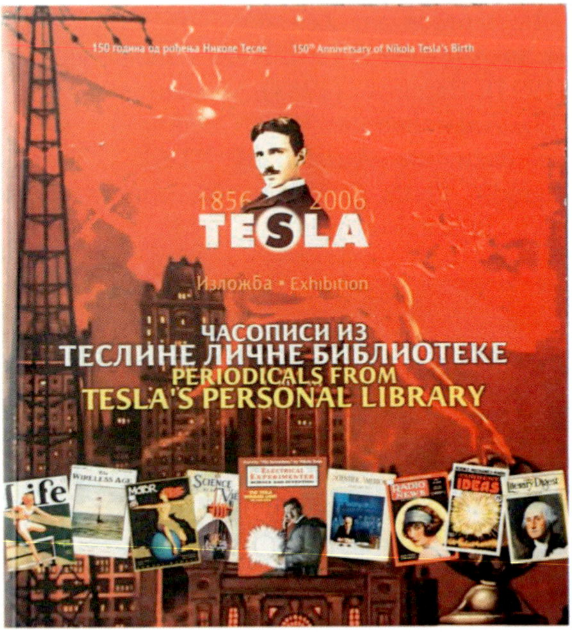

Katalog zu den Magazinen in der privaten Bibliothek von Tesla

Zur Dokumentation der Geschichte und zum erreichten Stand des Nikola Tesla Museums erschien im Jahre 2005 der großartige Band „Nikola Tesla Museum 1952- 2003“. Dieser gibt genaue Auskunft zur Sicherung des Nachlasses und dessen Transport von New York nach Belgrad. Neben der Arbeit im Archiv und der Unterbringung der Sammlungen wird auch der Inhalt des Museums genau beschrieben. Auch ein Katalog mit Bildern der im Zeitraum von 1952- 2003 herausgegebenen 36 Schriften, die in englischer oder serbischer Sprache erschienen sind, findet sich in diesem Band. Von diesen soll besonders auf die wichtige Schrift „Colorado Spring Notes“ aus dem Jahre 1978, die das von Nikola Tesla verfasste Tagebuch seiner Experimente in Colorado Springs (1899/1900) enthält, hingewiesen werden.

Nikola Tesla Museum 1952- 2003 Nikola Tesla:Colorado Springs Notes

Im Umfeld des Nikola Tesla Museums entstanden eine Reihe weiterer Bücher. Davon sollen im Besonderen das ausgezeichnete Buch von Aleksandar Marincic „Nikola Tesla- The Work of a Genius“und das Buch von V. Vuckovic und Radomir S. Stankovic „Computer Simulation and 3D Modeling of Original Patents of Nikola Tesla“ hier angeführt werden.

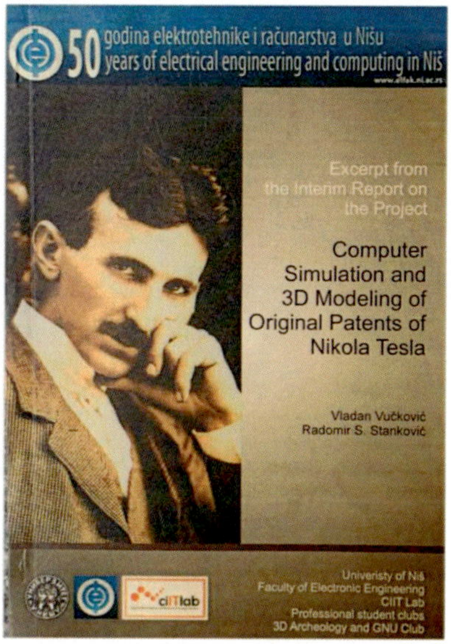

Nikola Tesla:The Work of a Genius 3D Computer Simulation

Bemerkungen zum Anhang

Die Kapitel von Anhang A sind bereits vorher in verschiedenen vom Verfasser publizierten Bänden der Schriftenreihe „Geschichte der Naturwissenschaften und der Technik“ erschienen. Dies soll hier genauer angegeben werden.

Kapitel A1 “Entdeckung der elektromagnetischen Wellen durch Hertz“ stammt aus Band 36: Das Entstehen der Informationstechnik“(ab Seite 16), Kapitel A2 „Experimente mit elektromagnetischen Wellen von Lodge“ stammt aus Band 38: Aufsätze zur Geschichte der Elektrizität“ (ab Seite 84), Die Kapitel A3 und A4 „Erfindung der drahtlosen Telegraphie durch Marconi“ und „Entwicklung der drahtlosen Telegraphie in Deutschland“ sind aus Band 45: Meilensteine der Informationsübertragung 1850-2000“ (ab Seite 85), Kapitel A5 „Bau von Hochfrquenzdynamos durch Alexanderson“ ist aus Band 35:„Vom Morse-telegraphen zum Computer“ (ab Seite 57).

Die Texte von Anhang B wurden für diese Schrift neu verfasst, ebenso alle Kapitel des Buches mit Ausnahme von Kapitel 3: Studium in Graz. Dieses ist eine wörtliche Übernahme des vom Verfasser zusammen mit dem Physiker Augustinus Asenbaum im Jahre 1996 in der österreichischen Fachzeitschrift plus LUCIS veröffentlichten Aufsatzes „Zum Studium von Nikolaus Tesla in Graz und Prag“. Herr Kollege Prof. Dr. Martin Hopf, Universität Wien und Redaktion plus LUCIS, stellte freundlicherweise aus dem digitalen Archiv von plus LUCIS ein Exemplar dieses vor 30 Jahren erschienenen Aufsatzes zur Verfügung.

Bildnachweis:
Der Verfasser dankt dem Archiv des Tesla Museums Belgrad für die Verwendung des historischen Bildmaterials. Alle weiteren Bilder stammen aus dem Bildarchiv des Verfassers.